Arduinoと Processingで
はじめる
Introduction to Prototyping with Arduino and Processing
プロトタイピング入門

青木 直史 著　Naofumi Aoki

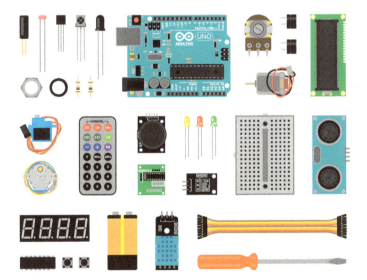

ご注意

①本書を発行するにあたって，内容について万全を期して制作いたしましたが，万一，ご不審な点や誤り，記載漏れなどお気づきの点がありましたら，出版元まで書面にてご連絡ください。
②本書の内容に関して適用した結果生じたこと，また，適用できなかった結果について，著者および出版社とも一切の責任を負えませんので，あらかじめご了承ください。
③本書に記載されている情報は，2016年11月時点のものです。
④本書に記載されているウェブサイトなどは，予告なく変更されていることがあります。
⑤本書に記載されている会社名，製品名，サービス名などは，一般に各社の商標または登録商標です。なお，本書では，TM，®，© マークを省略しています。

はじめに

　モノづくりを通して新しい価値を生み出すことが，社会から期待されるエンジニアの役割として，以前にも増して重要になってきています．モノづくりのスキルを身につけることは，社会で活躍するエンジニアになるためのパスポートといえるでしょう．

　こうしたモノづくりの世界に足を踏み入れるためのきっかけとして，エンジニアの卵にぜひおすすめしたいのが電子工作です．それほど手間をかけなくても実際に動作するものを作ることができるため，電子工作はモノづくりのトレーニングの題材として，まさにうってつけといえるでしょう．

　もっとも，工作という言葉のニュアンスが影響するせいか，電子工作には一種の先入観がつきまとうことも事実です．みなさんのなかには，ひょっとすると，「電子工作なんて，おもちゃを作って遊んでいるだけ」と思っている方も少なくないかもしれません．

　しかし，あらためて言うまでもないことかもしれませんが，そもそも電子工作の土台になっているのは，じつは，電子工学というれっきとした学問分野にほかなりません．コンピュータや携帯電話はもちろん，毎日のようにお世話になっている家電製品はすべて電子工学の賜物であり，電子工作の延長線上に，こうしたモノづくりの世界が花開いていることは，いくら強調してもしすぎることはないでしょう．

　大学のカリキュラムのなかで勉強する場合，どうしても数学や物理といった難しい内容の座学が中心になってしまうことから，電子工学は，初心者にとってなかなか手ごわい学問分野とみなされていることも事実です．

　しかし，電子工作であれば，実際に手を動かしながら具体的に電子工学を勉強することができます．身体で覚えたことは頭で覚えたことよりも記憶に残りやすいことは，みなさんもよくご存知のことと思いますが，こうしたイメージを体得することが，ひいてはエンジニアとして土壇場力を発揮するための大きなポテンシャルになるのではないでしょうか．

本書では，「Arduino（アルドゥイーノ）」と「Processing（プロセッシング）」という世界中で広く使われているツールの基本的な使い方を紹介し，さらに，プロトタイピングの具体例を紹介しながら，電子工作を入口とするモノづくりの世界にみなさんをいざないたいと考えています．なお，本書のサポートサイト（http://floor13.sakura.ne.jp/）には，本書で紹介するプログラムをはじめとするさまざまな資料を公開しています．こうした資料も含め，モノづくりの参考書として本書を活用していただけたら，筆者としてこれに勝る喜びはありません．

　本書の出版にあたり，編集を担当していただいた講談社サイエンティフィクの横山真吾氏に感謝いたします．また，教育の機会をあたえてくれた北海道大学工学部情報エレクトロニクス学科の教員および学生の皆様，そして，本書の執筆をかげながら支えてくれた妻・香織，娘・遥香に，ここに記して感謝いたします．

2016 年 11 月
青木 直史

目次

はじめに　　　　　　　　　　　　　　　　　　　　　　　　iii

chapter 1　エンジニアの役割　　　　　　　　　　　　　　1

1.1　工学部で勉強することの意義　　　　　　　　　　　1
1.2　エンジニア教育について　　　　　　　　　　　　　3
1.3　プロトタイピングのすすめ　　　　　　　　　　　　4
1.4　PBL教育の可能性　　　　　　　　　　　　　　　　6

chapter 2　Arduinoをはじめよう　　　　　　　　　　　　9

2.1　準備　　　　　　　　　　　　　　　　　　　　　　9
2.2　LED　　　　　　　　　　　　　　　　　　　　　12
2.3　スイッチ　　　　　　　　　　　　　　　　　　　20
2.4　ブザー　　　　　　　　　　　　　　　　　　　　26
2.5　PWM　　　　　　　　　　　　　　　　　　　　31
2.6　AD変換　　　　　　　　　　　　　　　　　　　40
2.7　まとめ　　　　　　　　　　　　　　　　　　　　48

chapter 3　Processingをはじめよう　　　　　　　　　　53

3.1　準備　　　　　　　　　　　　　　　　　　　　　53
3.2　グラフィックス　　　　　　　　　　　　　　　　55
3.3　マウス　　　　　　　　　　　　　　　　　　　　62
3.4　サウンド　　　　　　　　　　　　　　　　　　　66
3.5　シリアル通信　　　　　　　　　　　　　　　　　70
3.6　ネットワーク通信　　　　　　　　　　　　　　　82
3.7　まとめ　　　　　　　　　　　　　　　　　　　　91

chapter 4　プロトタイピングをはじめよう　97

- 4.1　モノづくりのHowとWhat　97
- 4.2　ワークショップの意義　98
- 4.3　作品のテーマを考える　99
- 4.4　距離センサを使う　100
- 4.5　フォトインタラプタを使う　108
- 4.6　加速度センサを使う　114
- 4.7　モータを使う　122
- 4.8　プレゼンのヒント　130

chapter 5　モノづくりについて考える　133

- 5.1　モノづくりの入口と出口　133
- 5.2　サイバー鳴子の誕生　134
- 5.3　アートとデザイン　137
- 5.4　成熟社会のモノづくり　139
- 5.5　メイカームーブメントの本質　141
- 5.6　コミュニティを作る　143

索引　146

chapter 1 エンジニアの役割

　モノづくりを通して新しい価値を生み出すことが，社会から期待されるエンジニアの役割にほかなりません。本章では，エンジニアとしてモノづくりに挑戦することの意義について考えてみたいと思います。

1.1　工学部で勉強することの意義

　突然ですが，みなさんは，工学部で勉強することの意義について考えてみたことはありますか？

　本書を手に取っているのは，おそらく工学部の学生がほとんどだろうと思って，こんな質問をしてみるわけですが，みなさんの答えはいかがでしょうか。ひょっとすると，「ただなんとなく来てしまっただけで，そんなことは考えたこともない」という方も少なくないかもしれません。

　じつは，こんな質問をしている筆者も，正直なところ，かつて工学部の学生だった当時，そんなことを考えたことはほとんどありませんでした。振り返ってみると，とにもかくにも単位を取るために，試験にパスすることだけが，当時の勉強のすべてだったように思います。

　しかし，あらためて考えてみると，工学部はエンジニアを育てるための学校であることが，しかるべき本来のあり方にほかなりません。モノづくりを通して新しい価値を生み出すことが社会から期待されるエンジニアの役割であり，あたり前のように聞こえるかもしれませんが，そのためのスキルを身につけることが，工学部で勉強することの意義なのではないでしょうか。

　みなさんのなかには，「そんなことを言ったって，世のなかはモノであふれかえっているし，今さらモノづくりなんて」と思っている方も少なくないかもしれません。しかし，人間が生きていくには，どのような時代であれ，モノが必要です。モノづくりは社会を維持していくための基盤であり，それを支えているのがエンジニアにほかならないのです。

　もちろん，現在の日本のように，モノが簡単に手に入るようになった**成熟社会**では，モノづくりのあり方も，かつての**成長社会**と同じというわけには

いかないでしょう。すでにさまざまなモノが行き渡っている状況のなかで新しいニーズを掘り起こし，さらなるモノづくりの可能性を考えることは簡単なことではありません。しかし，だからこそ，そのための知恵をしぼることが，エンジニアの役割として，以前にも増して重要になってきているといえるのではないでしょうか。

　こんなことを言うと，「それでは一体何を作ればよいのか」という声が聞こえてきそうです。思いつきそうなことはすでに誰かがやってしまっているし，これ以上のニーズなど見あたらないような気持ちになるのは当然のことかもしれません。

　しかし，一見すると満ち足りた時代であっても，それに飽き足らず，つねに新しいことに目を向けてしまうのが人間の性質というものです。ここに，成熟社会のモノづくりのヒントが隠されていることは間違いありません。

　携帯電話を例にとって考えてみると，ガラケーの時代にスマホの時代が来ることを予想できた人はどれだけいたでしょうか。

　ガラケーがスマホに置き換わったのは，技術的な要因もさることながら，「みんながLINEを使っているから」という心理的な要因が，振り返ってみると大きな理由だったことは，みなさんもよくご存知のことと思います。

　もちろん，メッセージをやり取りするだけであれば，スマホのLINEを持ち出すまでもなく，ガラケーのメールでも十分に事足りていたはずです。しかし，新しいスタイルのコミュニケーションの可能性に期待するとともに，世のなかの変化に乗り遅れまいとする集団心理が，じつは，こうした変化をもたらした最大の原動力だったのではないでしょうか。

　人間がいる限り，これからもつぎからつぎへと新しいモノが生み出され，世のなかに変化をもたらしていくことは間違いないでしょう。こうした人間の性質に向き合い，世のなかにインパクトをあたえたいと思う気持ちをモチベーションとしてモノづくりに挑戦することが，成熟社会のエンジニアにとって何よりも大事な心構えなのだろうと思います。

1.2 エンジニア教育について

ひるがえって工学部におけるエンジニア教育をながめてみると，とにもかくにも座学を重視し，インプットに終始しているのが，今も昔も変わらない実情のように思います。結果として，アウトプットがなおざりになり，モノづくりの経験がほとんどないまま卒業にいたってしまうケースが少なからず見受けられるのは，当然といえば当然のことといえるのかもしれません。

しかし，工学部を卒業したのに何も作れないようでは，本当に工学部を卒業したと胸を張って言えるでしょうか。もちろん，インプットも大事ですが，モノづくりを通して新しい価値を生み出すエンジニアになるには，それ以上にアウトプットが大事になってくることは間違いありません。インプットとアウトプットのバランスを取り，即戦力のエンジニアを育てることが社会から期待される工学部の役割であることを，あらためて認識する必要があるように思います。

最近の**メイカームーブメント**の盛り上がりは，こうしたエンジニア教育に対する一種の黒船なのかもしれません。もちろん，メイカームーブメントという言葉だけですべてが片づけられるような単純なものではないにしても，これまでになくモノづくりに注目が集まっているのは，モノづくりが世のなかにあたえるインパクトを，あらためて社会が期待していることの表れと受け取ることができるのではないでしょうか。

じつは，メイカームーブメントの震源地のひとつであるアメリカでは，エンジニアとしての実力を判定するための一種のテストとして，卒業の要件にモノづくりの課題を取り入れるなど，大学のカリキュラムのなかでモノづくりのトレーニングに力を入れているところが少なくありません。

即戦力のエンジニアになることが就職の条件にもなっているアメリカでは，インプットだけでなく，それ以上にアウトプットを重視することが，社会のコンセンサスになっています。もちろん，学生にとってみれば就職のためのあたり前のトレーニングにすぎないのかもしれませんが，こうしたプラクティカルな視点が，アメリカのエンジニアに少なからずポジティブな影響をおよぼしていることは間違いないでしょう。

「What I cannot create, I do not understand. (作れないモノは理解できない)」

とはアメリカのノーベル賞物理学者リチャード・ファインマンの言葉ですが，こうした実学主義の土壌が，ひいてはシリコンバレーをメッカとするハイテク産業を支える人材の輩出にもつながっているのが，アメリカのエンジニア教育の特徴といえるのではないでしょうか。

モノづくりを通して新しい価値を生み出す成功例を目のあたりにし，我も続けと言わんばかりに挑戦しようとするエンジニアが引きも切らないのがアメリカの底力の正体であるようにも思うのですが，こうしたメンタリティには日本も見習うべきところが少なくないように思います。

「百聞は一見にしかず」という言葉のとおり，アイデアを聞かされただけでは半信半疑でも，カタチにして見せられると説得力は格段にアップします。実際にモノを作り，さまざまな人に見てもらうことは，思ってもみなかったニーズを掘り起こし，新しい展開をもたらす可能性をおおいに秘めていることは間違いありません。

アイデアをカタチにすることで新しい価値を生み出すことがモノづくりの醍醐味です。その原点に立つことがエンジニアの本懐であり，真骨頂なのだろうと思います。

1.3　プロトタイピングのすすめ

大学のカリキュラムのなかで，これまでモノづくりのトレーニングが重視されてこなかったのは，こうしたクリエイティブなスキルは個人の資質に負うところが大きく，学校で教えられるようなものではないという見解が広く浸透してしまったことが，ひとつの理由なのかもしれません。

しかし，こうした見解は，ともすればモノづくりに対する苦手意識をもたらす原因にもなってしまっているように思います。独創性を期待したはずの放任主義が，逆に食わず嫌いを助長することは往々にしてあります。こうした苦手意識が，ひいてはモノづくりに対する拒否反応につながってしまっているのがエンジニア教育の実情なのではないでしょうか。

じつは，小学校の図工の授業にも同じような議論があることを，みなさんはご存知でしょうか。「テクニックを教えると独創性が育たなくなる」という意見が，小学校の図工の授業で，絵の描き方などのテクニックを教えないひ

とつの理由になっているのですが，おそらく，こうした見解にはみなさんもうなずくところが少なくないでしょう．

しかし，一方で，「テクニックを教えてもらっていたら，もっと楽しかったと思う」という意見があることも事実です．テクニックを駆使する楽しさが初心者の興味を引き出すのだとすれば，手つかずの独創性を期待する前に，まずはトレーニングを通して興味を持ってもらうことが，ひいてはクリエイティブなスキルの発現にも少なからずポジティブな影響をおよぼすのではないでしょうか．

あらゆる技芸に通じることですが，**基本の型**をマスターすることは，スキルを身につけるうえで不可欠のプロセスといえるでしょう．こうしたトレーニングを通して，できることを着実に増やしていくことは，初心者の興味を引き出すうえで少なからず効果があるように思います．モノづくりの基本の型をマスターすることは，モノづくりに対する拒否反応をやわらげ，ひいてはエンジニアとしての視野を広げるうえでもおおいに役立つ経験になることは間違いないでしょう．

本書では，モノづくりのなかでもIT分野に焦点をあて，電子工作を題材として，モノづくりの基本の型について説明したいと思います．具体的なアプローチとして，本書では，第2章と第3章で，「Arduino（アルドゥイーノ）」と「Processing（プロセッシング）」という世界中で広く使われているツールの基本的な使い方を紹介し，これらのツールを組み合わせることで，ハードウェアとソフトウェアを組み合わせたモノづくりの基本の型をマスターしてもらいたいと考えています．

もちろん，こうしたトレーニングは，スキルを身につけるうえで不可欠のプロセスであり，インプットなくして習得はおぼつかないことはあらためて言うまでもないでしょう．

しかし，インプットだけではスキルは定着しにくいことも事実です．モノづくりの応用力を伸ばすには，アウトプットを通して実際に基本の型を使ってみることが不可欠であり，そのためには，作品制作を通して具体的なモノづくりに取り組む**プロトタイピング**に挑戦することが，そのつぎのステップとして絶好のトレーニングになるように思います．

最初は見よう見まねでも，具体的なモノづくりに取り組むことは，達成感とともに，「自分でもできる」という自信につながります．こうしたプロトタ

イピングの経験は，基本の型の重要性をあらためて認識する機会になるとともに，モノづくりに対するモチベーションを引き出すための，いわゆる原体験ともいえる大事な機会になるのではないでしょうか．

本書では，第4章で，プロトタイピングの具体例をいくつか紹介しようと思います．もちろん，最初は単純なことしかできないかもしれませんが，基本の型を組み合わせると，工夫しだいでさまざまなモノを作ることができることに気がつくことこそ，プロトタイピングの経験から得られる大事な教訓になるように思います．

1.4 PBL教育の可能性

大学のカリキュラムのなかで，モノづくりのトレーニングの機会を増やしていくための受け皿として期待できるのは，最近，注目を集めている **PBL**（Project Based Learning）と呼ばれる教育のアプローチです．

プロジェクトに対する取り組みを通して，エンジニアとして身につけなければならないスキルを自覚してもらうことがPBL教育のねらいですが，こうしたアウトプットを重視する教育のアプローチは，モノづくりのトレーニングの機会として，まさにうってつけといえるでしょう．

じつは，本書は，実際に工学部の学生を対象として行っているPBL教育の授業をもとにして執筆したものになっています．もちろん，あくまでもひとつのケーススタディにすぎませんが，大学のカリキュラムのなかでモノづくりのトレーニングに取り組むためのひとつの具体例として本書を読み進めていただけたら，PBL教育の可能性があらためて見えてくるように思うのですが，いかがでしょうか．

また，こうしたアウトプットを重視する教育のアプローチは，これまでのエンジニア教育ではあまり考慮されてこなかった**他者性**を意識するうえでも大事な機会になる可能性をおおいに秘めているように思います．

言ってみれば，モノづくりのスキルそのものは独学でもマスターすることができるものが少なくありません．わざわざ学校のカリキュラムのなかでモノづくりのトレーニングに取り組むよりも，人によっては独学のほうが効率的に感じることも少なくないかもしれません．

しかし，独学ではなかなか身につかないこともあります。作ったモノを世のなかに受け入れてもらうには，作る側の視点だけでなく，使う側の視点に目を向けることが大事になってくるわけですが，人間の性質について深く理解しようとしても，ひとりであれこれ想像しているだけでは限界があるのが本当のところではないでしょうか。

　こうした他者性を意識するための場のひとつが学校なのだろうと思います。周囲とのやり取りのなかから，どのようなモノを社会は求めているのか，モノづくりのアイデアを客観的に考えるうえで少なからずヒントをあたえてくれる場のひとつが学校であり，ここに学校のカリキュラムのなかでモノづくりのトレーニングに取り組む大事な意義があるように思います。

　とくに，グループでモノづくりに取り組むことは，他者性を意識する機会として，またとない経験になるでしょう。

　仲間との協力は，ひとりでは難しいことを可能にするポテンシャルを秘めています。しかし，こうしたグループによるモノづくりは，ともすれば両刃の剣になることも事実です。仲間の気持ちを推し量ることができなければ，1＋1が2以上になるような結果を生み出すことは，とうていおぼつかないでしょう。こうした他者性を意識する機会として，グループによるモノづくりは絶好のトレーニングになるように思います。

　みなさんもよくご存知のことと思いますが，アップルやグーグルなど，今でこそ誰もが知っているアメリカの企業には，その生い立ちをひもといてみると，ひょんなきっかけで出会った友人同士がパートナーになり創業するにいたった小さなベンチャー企業をそもそもの原点にしているケースが少なくありません。

　共通の目標をかかげ，お互いに補い合うパートナーを見つけることが，こうした企業に共通する成功の秘訣のように思えるのですが，そうだとすれば，技術的なスキルだけでなく社会的なスキルもまたエンジニアが身につけるべき大事なスキルといえるのではないでしょうか。こうしたパートナーに出会うためのきっかけをあたえてくれる場のひとつであることが，じつは，社会装置としての学校の最も大事な役割なのかもしれません。

　モノづくりを通して，社会とどのように向き合っていくのか，単なる技術の専門家としてだけではなく，社会の一員としての心構えを持つことが，これからのエンジニアにとってますます大事な視点になっていくことは間違い

ありません。そして，おそらく，こうした姿勢にこそ，ひいてはエンジニアとしてライフワークの仕事にめぐり会うための大事なヒントが隠されているように思うのです。

chapter 2 Arduinoをはじめよう

　マイコンボードの使い方をマスターすることは，モノづくりの基本の型のひとつといえるでしょう。本章では，Arduino を具体例として，マイコンボードの基本的な使い方について勉強してみることにしましょう。

2.1　準備

　マイコンボードを使うと，さまざまな回路をプログラムしだいで自由自在に動作させることができるようになります。マイコンボードは，回路をコントロールするための司令塔といえるでしょう。

　マイコンボードにはさまざまな種類があり，それぞれ特徴に違いはありますが，じつは，基本的な使い方はいずれも共通しています。本書では，入門用として世界中で広く使われている「Arduino（アルドゥイーノ）」を具体例として，マイコンボードの基本的な使い方について勉強してみることにしましょう。なお，一口に Arduino と言ってもさまざまなバージョンがありますが，本書では，最も標準的なものとして「UNO（ウノ）」を使ってみることにします。

　マイコンボードの使い方をマスターするための近道は，マイコンボードにさまざまな回路を接続し，実際に動作させてみるのが正攻法といえるでしょう。図 2.1 に示すように，Arduino には複数の**ソケット**が用意されており，**ジャンパケーブル**を使って，さまざまな回路を接続することができるようになっています。

　Arduino に接続する回路は**ブレッドボード**を使って作ります。図 2.2 に示すように，ブレッドボードには電子部品を挿し込むための穴があいていますが，これらの穴は内部で部分的に導通しており，必要に応じてジャンパケーブルを使って配線することで，ハンダづけをしなくてもさまざまな回路を作ることができるようになっています。

　Arduino に書き込むプログラムは PC を使って作ります。Arduino にプログラムを書き込むには，**USB ケーブル**を使って Arduino と PC を接続する必要

図2.1 Arduinoのソケット（UNOの場合）

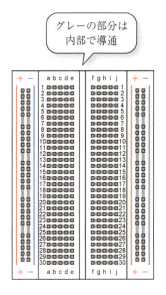

図2.2 ブレッドボード

　がありますが，じつは，このUSBケーブルはArduinoを動作させるための電源ケーブルにもなっています。

　このように，Arduinoを動作させるには，本体のほかに，さまざまなパー

ツを用意する必要があります。もちろん、それぞれ別々に入手することもできますが、初心者の方は、基本的なパーツをセットにして販売しているスイッチサイエンスの「Arduino をはじめようキット」を用意したほうが便利かもしれません。

Arduino のプログラミング環境は、http://arduino.cc/en/Main/Software から無料でダウンロードすることができます。PC の種類に合わせてプログラミング環境をインストールしてください。

プログラミング環境がインストールできたら、Arduino が正しく動作するかどうか確認してみましょう。USB ケーブルを使って Arduino と PC を接続した後、プログラミング環境を起動し、図 2.3 に示すように、リスト 2.1 のプログラムを入力してください。お急ぎの方は、本書のサポートサイト（http://floor13.sakura.ne.jp/）からプログラムをコピーしていただいてかまいません。

プログラムが入力できたら、「ツール」メニューの「マイコンボード」で「Arduino Uno」をチェックし、「ツール」メニューの「シリアルポート」で Arduino が接続されているシリアルポートの ID をチェックした後、「書き込

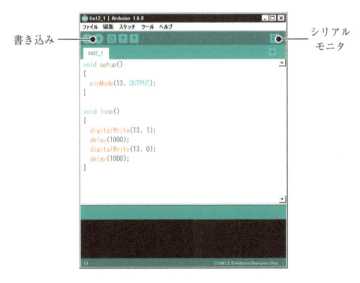

図 2.3　**Arduino のプログラミング環境**

リスト 2.1 Arduino の動作を確認するためのプログラム

```
1   void setup()
2   {
3     pinMode(13, OUTPUT);
4   }
5
6   void loop()
7   {
8     digitalWrite(13, 1);
9     delay(1000);
10    digitalWrite(13, 0);
11    delay(1000);
12  }
```

み」ボタンをクリックしてください。プログラムの書き込みが完了し，マイコンボードの LED が周期的に点滅をはじめるようであれば，Arduino は正しく動作しています。

本章では，以下，「やってみよう」と「解説」を通して，Arduino の基本的な使い方について説明していきます。なお，腕試しとして用意した「課題」についても，「ヒント」を参考にして，ぜひ挑戦してみてください。

2.2　LED

 やってみよう

ブレッドボードを使って，図 2.4 の回路を作ってみましょう。

Arduino の D13 端子と GND 端子をブレッドボードに接続するにはジャンパケーブルを使ってください。なお，GND は**グランド**と読みます。グランドの電位は 0 V になっており，これが回路の基準電位になります。

抵抗の端子には極性がないため，接続する向きはどちらでもかまいません。一方，**LED**（Light Emitting Diode）の端子には極性があります。図 2.5 に示すように，LED の端子は，長いほうが**アノード**，短いほうが**カソード**になっ

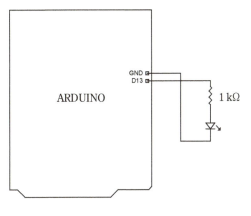

図 2.4 LED の実験回路

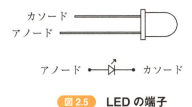

図 2.5 LED の端子

リスト 2.2 LED を周期的に点滅させるプログラム

```
1  void setup()
2  {
3    pinMode(13, OUTPUT);
4  }
5
6  void loop()
7  {
8    digitalWrite(13, 1);
9    delay(1000);
10   digitalWrite(13, 0);
11   delay(1000);
12 }
```

ていることに注意して回路を作ってください．なお，抵抗とLEDは「Arduino
をはじめようキット」のものを使うこともできます．

　回路が完成したら，リスト2.2のプログラムを実行し，LEDが周期的に点
滅をはじめることを確認してください．

 解説

　0と1のディジタル信号を使って外部回路をコントロールする**ディジタル
出力**は，マイコンボードの機能のなかでも最も基本的なものですが，LEDを
使うと，その様子を目で見て確認することができます．電子工作のマニアの
世界では，LEDがチカチカ点滅することから，これを**Lチカ**と呼んでいるこ
とも覚えておくとよいでしょう．

　LEDは，アノードからカソードに向かって電流が流れるように，**順方向**に
電圧をかけると発光する電子部品です．0と1のディジタル信号は，実際の
回路ではそれぞれ0Vと5Vの電位に対応しているため，図2.6 (a) に示すよ
うに，D13端子に1を出力することで，D13端子の電位を5Vにすると，ア
ノードからカソードに向かって電流が流れ，LEDは発光することになります．
一方，図2.6 (b) に示すように，D13端子に0を出力することで，D13端子
の電位を0Vにすると，アノードとカソードの電位は等しくなり，電流が流
れなくなるため，LEDは発光しません．

　Arduinoの場合，Lチカのプログラムはリスト2.2のようになります．わず
か10行ほどにすぎませんが，このプログラムのしくみを理解することは，
Arduinoの使い方をマスターするための最初の一歩になるといってよいで
しょう．

　図2.7に示すように，Arduinoのプログラムは，setup関数とloop関数と
いうふたつの関数を骨格として動作します．setup関数には初期設定が記述
されており，最初に1回だけ実行されます．一方，loop関数にはメインの処
理が記述されており，**無限ループ**によって繰り返し実行されます．このよう
に，無限ループによってメインの処理が繰り返し実行されるのは，Arduino
に限らず，あらゆるマイコンボードのプログラムに共通するしくみになって
います．

　リスト2.2のプログラムをながめてみましょう．

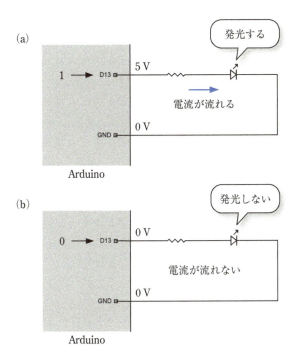

図 2.6 ディジタル出力：(a) 1 を出力する場合，(b) 0 を出力する場合

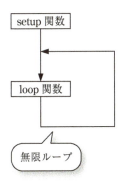

図 2.7 Arduino のプログラムの基本構造

このプログラムは，まず，setup 関数を実行することで，初期設定として，マイコンボードの端子の設定を行っています。
　pinMode 関数は，マイコンボードの端子のモードを設定する関数です。このプログラムは，D13 端子のモードを OUTPUT に設定し，D13 端子をディジタル出力の端子として設定しています。
　つづいて，このプログラムは，loop 関数を実行することで，メインの処理として，LED の点滅を行っています。
　digitalWrite 関数は，指定した端子を使ってディジタル出力を行う関数です。また，delay 関数は，現在の状態のまま何もせず，ms 単位で時間待ちを行う関数です。このプログラムは，digitalWrite 関数を使って D13 端子に 0 または 1 のディジタル信号を出力した後，delay 関数を使って 1000 ms，すなわち 1 秒間の時間待ちを行うことで，LED の発光と消灯を 1 秒ごとに切り替えるものになっています。こうした一連の処理を無限ループによって繰り返し実行することで，LED を周期的に点滅させているのが，このプログラムのしくみにほかなりません。
　図 2.1 に示すように，UNO の場合，こうしたディジタル出力に対応しているのは，基本的に D0 端子から D13 端子まで，14 個のディジタル端子になっています。なお，D13 端子にはあらかじめマイコンボードの LED が接続されているため，この端子を使うと，あらためて回路を作らなくても L チカの実験を行うことができることも覚えておくとよいでしょう。
　もちろん，そのほかの端子を使って L チカの実験を行う場合は，別途 LED を用意し，回路を作る必要があります。この場合，マイコンボードには，LED だけでなく，抵抗を接続することも忘れないようにしましょう。
　LED の明るさは，LED に流れる電流の大きさに比例します。そのため，電流を大きくすると LED はそれだけ明るく発光することになりますが，じつは，あまりにも大きな電流が流れると LED は壊れてしまいます。
　明るさや色など，LED にはさまざまな種類があり，それぞれ特徴に違いはありますが，LED に流すことができる電流の上限は，一般に 10 mA 程度になっています。こうした条件を考慮し，LED を保護するため，LED に流れる電流を制限するのが，マイコンボードに抵抗を接続する理由になっています。
　LED を発光させるのに必要な電圧は，一般に 2 V 程度です。そのため，図 2.8 に示すように，LED に直列に抵抗を接続すると，電源が 5 V の場合，抵

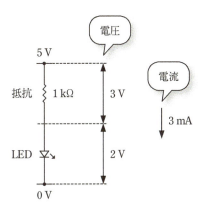

図 2.8　LED に直列に抵抗を接続したときの電圧と電流の関係

抗には 3 V 程度の電圧がかかることになります。

抵抗の値は，こうした条件から，**オームの法則**を使って求めることができます。電圧を V，電流を I とすると，抵抗の値 R は，オームの法則から，つぎのように計算することができます。

$$R = \frac{V}{I} \tag{2.1}$$

LED に直列に抵抗を接続すると，LED と抵抗には同じ大きさの電流が流れることになります。そのため，抵抗の値は，たとえば，電流を 3 mA に制限する場合，つぎのように計算することができます。

$$R = \frac{3\ [\mathrm{V}]}{3\ [\mathrm{mA}]} = 1\ [\mathrm{k\Omega}] \tag{2.2}$$

座学で習ったことはあっても，回路を作ったことでもなければ，オームの法則が必要になる場面に出くわしたことなど，これまでほとんどなかったかもしれません。実際に使われているところを見ると，オームの法則にもなんとなく親近感がわいてくるように思うのですが，いかがでしょうか。

課題

① Arduino に 3 個の LED を接続し，それぞれ独立に発光させるプログラムを作りなさい。

② Arduino にフルカラー LED を接続し，消灯，ブルー，レッド，マゼンタ，グリーン，シアン，イエロー，ホワイトの順番で，1 秒ごとに色を切り替えて発光させるプログラムを作りなさい。

ヒント

図2.9 は，D13 端子のほかに，D12 端子と D11 端子にも LED を接続した回路になっています。こうした回路を作ると，3 個の LED をそれぞれ独立に発光させることができます。なお，抵抗と LED は「Arduino をはじめようキット」のものを使うこともできます。

図2.10 に示すように，**フルカラー LED** は，ひとつのパッケージのなかに，R（レッド），G（グリーン），B（ブルー）の LED をまとめたものになっています。図2.11 に示すように，こうした**光の三原色**を混ぜ合わせると，さまざまな中間色を発光させることができます。

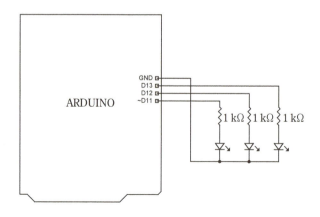

図2.9　3 個の LED の実験回路

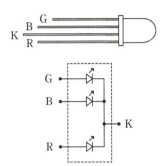

図2.10 カソードコモンのフルカラーLEDの端子（OSTA5131Aの場合）

発光色	G	R	B
消灯	0	0	0
ブルー	0	0	1
レッド	0	1	0
マゼンタ	0	1	1
グリーン	1	0	0
シアン	1	0	1
イエロー	1	1	0
ホワイト	1	1	1

図2.11 フルカラーLEDによる中間色の発光

　フルカラーLEDは，端子の定義によって，アノードが共通になっている**アノードコモン**と，カソードが共通になっている**カソードコモン**の2種類に分類することができます。

　フルカラーLEDには端子が4個もあり，一見すると複雑に思うかもしれませんが，その実体は3個のLEDにすぎないことがわかれば，回路を作ることもそれほど難しくはないでしょう。たとえば，カソードコモンのフルカラーLEDを使うのであれば，図2.9とまったく同じ回路を作ることで，3個のLEDをそれぞれ独立に発光させることができます。

カソードコモンのフルカラー LED としては，秋月電子の「OSTA5131A」などが入手しやすいでしょう．なお，秋月電子の「LED 光拡散キャップ (5 mm) 白」をフルカラー LED にかぶせると，中間色をむらなく混ぜ合わせることができます．

2.3　スイッチ

 やってみよう

ブレッドボードを使って，図 2.12 の回路を作ってみましょう．

この回路は，図 2.4 の回路に**スイッチ**を追加したものになっています．なお，一口にスイッチと言ってもさまざまな種類がありますが，ここでは最も基本的なものとして，**タクトスイッチ**を使ってみることにします．タクトスイッチは，押すとオン，離すとオフになるスイッチです．

図 2.13 に示すように，一般的なタクトスイッチには 4 個の端子がありますが，1 と 2 の端子，3 と 4 の端子がそれぞれ内部で導通していることに注意して回路を作ってください．なお，タクトスイッチは「Arduino をはじめようキット」のものを使うこともできます．

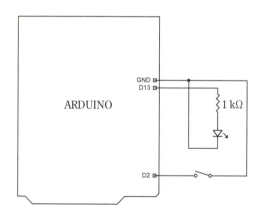

図 2.12　**スイッチの実験回路**

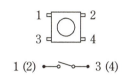

図 2.13　タクトスイッチの端子

リスト 2.3　スイッチをオンにするとLEDが発光するプログラム

```
1   int x;
2   
3   void setup()
4   {
5     pinMode(13, OUTPUT);
6     pinMode(2, INPUT_PULLUP);
7   }
8   
9   void loop()
10  {
11    x = digitalRead(2);
12  
13    if (x == 0)
14    {
15      digitalWrite(13, 1);
16    }
17    else
18    {
19      digitalWrite(13, 0);
20    }
21  }
```

　回路が完成したら，リスト2.3のプログラムを実行し，スイッチをオンにするとLEDが発光することを確認してください。

 解説

　マイコンボードのディジタル端子は，外部回路にディジタル信号を出力するだけでなく，外部回路からディジタル信号を入力するためのインターフェー

スにもなっています。スイッチを使うと，こうした**ディジタル入力**のしくみを確認することができます。

マイコンボードにスイッチを接続するには，ディジタル端子とグランドの間にスイッチを接続し，スイッチの状態によってディジタル端子の電位が切り替わるようにすることが定石のひとつになっています。0 Vと5 Vの電位は，マイコンボードではそれぞれ0と1のディジタル信号に対応しているため，図 2.14 (a) に示すように，スイッチをオフにすることで，D2端子の電位を5 Vにすると，マイコンボードには1が入力されることになります。一方，図 2.14 (b) に示すように，スイッチをオンにすることで，D2端子の電位を0 Vにすると，マイコンボードには0が入力されることになります。

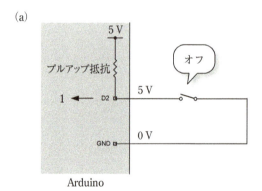

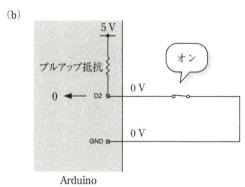

図 2.14 ディジタル入力：(a) 1 が入力される場合，(b) 0 が入力される場合

じつは，スイッチをオフにするとディジタル端子の電位が5Vになるのは，あらかじめディジタル端子を5Vの電源に接続しておいてあることが，そのためのしくみとして重要なからくりになっています。ディジタル端子の電位を5Vに引き上げるしくみになっていることから，こうしたしくみを**プルアップ**と呼びます。

もっとも，ディジタル端子が5Vの電源に直結していると，スイッチをオンにしたとき，5Vの電源とグランドが**ショート**してしまい，あまりにも大きな電流が流れてしまうことで，回路が壊れてしまうおそれがあります。そのため，実際の回路では，電流を制限するため，抵抗をはさんでディジタル端子を5Vの電源に接続することが定石になっています。こうした抵抗を**プルアップ抵抗**と呼びます。

このように，マイコンボードにスイッチを接続するには，約束事としてプルアップのしくみが必要になり，そのため，プルアップ抵抗が必要になってくるわけですが，じつは，Arduinoをはじめとする最近のマイコンボードは，あらかじめプルアップの機能を内蔵しているものが少なくありません。こうしたマイコンボードでは，あらためてプルアップ抵抗を用意しなくても，プログラムによってプルアップの機能を有効にすることができるようになっています。

リスト2.3は，以上のしくみをプログラムにしたものです。

pinMode関数は，マイコンボードの端子のモードを設定する関数です。このプログラムは，D13端子をディジタル出力の端子，D2端子をディジタル入力の端子として設定しています。ArduinoのディジタルI入力にはINPUTとINPUT_PULLUPというふたつのモードがありますが，プルアップの機能を有効にするにはINPUT_PULLUPを指定してください。

digitalRead関数は，指定した端子を使ってディジタル入力を行う関数です。このプログラムは，digitalRead関数を使ってD2端子の状態をチェックし，スイッチがオンになっていれば，digitalWrite関数を使ってD13端子のLEDを発光させるものになっています。

課題

① Arduinoにタクトスイッチを接続し，スイッチを押すたびにLEDの発光と消灯が切り替わるプログラムを作りなさい。

②タクトスイッチのかわりに，傾斜スイッチ，リードスイッチ，ディップスイッチなどを接続し，それぞれのスイッチの動作を確認しなさい。

 ヒント

　スイッチを押すたびに動作が切り替わるプログラムを作るには，スイッチを押した瞬間を正しく判定するしくみが必要になります。こうしたしくみを**エッジ検出**と呼びます。

　図 2.15 に示すように，現在のスイッチの状態と直前のスイッチの状態を比較し，スイッチの状態が変化した瞬間をチェックするのが，エッジ検出の定石のひとつになっています。こうした条件を判定するため，現在のスイッチの状態と直前のスイッチの状態を表す変数をそれぞれ用意することが，プログラムを作るうえでヒントになるでしょう。

　エッジ検出で注意しなければならないのは，**チャタリング**の問題です。タクトスイッチのように，バネを使った機械式のスイッチは，図 2.16 (a) に示すように，スイッチを押してからしばらくの間は，バネの振動によって接触が落ち着かず，スイッチの状態が定まらないチャタリングの状態になります。そのため，図 2.16 (b) に示すように，チャタリングの持続時間よりも短い時

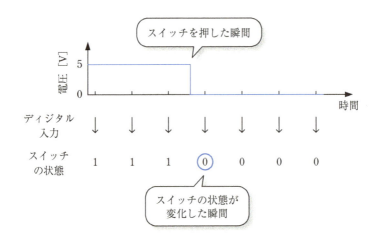

図 2.15　エッジ検出のしくみ

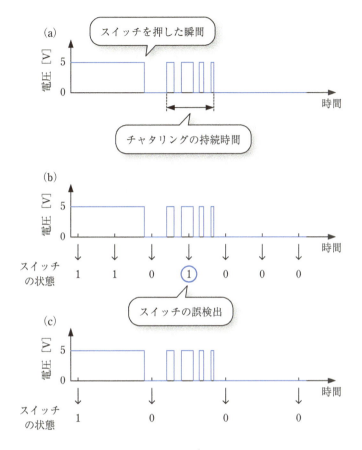

図 2.16 スイッチの誤検出：(a) チャタリング，(b) チャタリングの持続時間よりも短い時間間隔でスイッチの状態をチェックする場合，(c) チャタリングの持続時間よりも長い時間間隔でスイッチの状態をチェックする場合

間間隔でスイッチの状態をチェックすると，スイッチを1回しか押していなくても，連続して何回も押したものとして判定されてしまうおそれがあります。

こうしたスイッチの誤検出をさけるには，図 2.16 (c) に示すように，チャタリングの持続時間よりも長い時間間隔でスイッチの状態をチェックすることがひとつの解決策になります。スイッチの種類にもよりますが，チャタリ

ングの持続時間は一般に ms を単位とするオーダーになっています。タクトスイッチであれば，20 ms ほどの時間待ちをすれば十分でしょう。

タクトスイッチのほかにも，スイッチにはさまざまな種類があります。**傾斜スイッチ**は傾けるとオンになるスイッチ，**リードスイッチ**は磁石を近づけるとオンになるスイッチ，**ディップスイッチ**はオンとオフの状態を保持することができるスイッチです。いずれもブレッドボードに挿し込むことができるものは，秋月電子からも入手することができます。

プログラムは同じでも，スイッチを変更すると使い勝手は大きく変化します。さまざまなスイッチを実際に試してみることは，モノづくりのアイデアを考えるうえで，ひとつのヒントをあたえてくれるように思います。

2.4　ブザー

 やってみよう

ブレッドボードを使って，図 2.17 の回路を作ってみましょう。

この回路は，**ブザー**として，秋月電子の「圧電スピーカー（圧電サウンダ）（17 mm）PKM17EPP-4001-B0」を接続したものになっています。このブザー

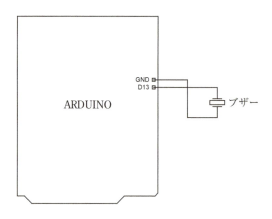

図 2.17　ブザーの実験回路

リスト 2.4 ブザーを鳴らすプログラム

```
1   void setup()
2   {
3     pinMode(13, OUTPUT);
4   }
5
6   void loop()
7   {
8     digitalWrite(13, 1);
9     delayMicroseconds(500);
10    digitalWrite(13, 0);
11    delayMicroseconds(500);
12  }
```

の端子には極性がないため，接続する向きはどちらでもかまいません。

　回路が完成したら，リスト 2.4 のプログラムを実行し，ブザーが鳴ることを確認してください。

 解説

　ディジタル出力の様子を調べるには，LED を使って目で見て確認する L チカが基本になりますが，ブザーを使って耳で聞いて確認することも定石のひとつになっています。

　マイコンボードのディジタル端子にブザーを接続し，0 と 1 のディジタル信号を出力すると，ブザーには 0 V と 5 V の電位が出力されることになりますが，こうした電位の時間変化を**波形**として音を鳴らすのがブザーのしくみにほかなりません。

　いわゆるマイコンボードの音といえば，代名詞にもなっているのが**矩形波**の音です。図 2.18 に示すように，矩形波の波形は 0 と 1 のディジタル信号を交互に繰り返し出力するだけで作り出すことができます。こうした手軽さから，矩形波の音は，マイコンボードにとって最も簡単に鳴らすことができる音としておなじみの音になっています。

　リスト 2.4 は，以上のしくみをプログラムにしたものです。

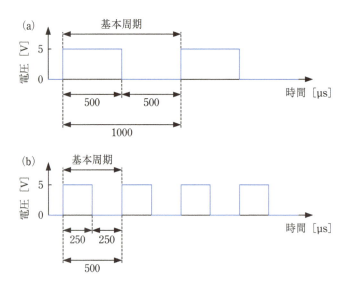

図 2.18 矩形波：(a) 基本周波数が 1000 Hz（= 1/1000 μs）の場合，(b) 基本周波数が 2000 Hz（= 1/500 μs）の場合

　じつは，このプログラムは，時間待ちの関数が異なるだけで，リスト 2.2 の L チカのプログラムとまったく同じしくみになっています。ms 単位で時間待ちを行う delay 関数のかわりに，μs 単位で時間待ちを行う delayMicroseconds 関数を使うことで，0 と 1 のディジタル信号を高速に切り替え，人間の耳に音として聞こえる波形を作り出しているのが，リスト 2.4 のプログラムのしくみにほかなりません。

　音の高さは，波形の周期として定義される**基本周期**によって変化します。基本周期が長くなると音は低くなり，基本周期が短くなると音は高くなります。

　このように，音の高さは基本周期と反比例の関係にあるため，音の高さは，基本周期の逆数として定義される**基本周波数**によって表すことが一般的です。基本周期を t_0，基本周波数を f_0 とすると，両者の関係はつぎのように定義できます。

$$f_0 = \frac{1}{t_0} \tag{2.3}$$

図 2.18 に示すように，基本周期が 1000 μs のとき，基本周波数はつぎのように計算することができます．

$$f_0 = \frac{1}{1000\,[\mu s]} = 1000\,[\text{Hz}] \tag{2.4}$$

一方，基本周期が 500 μs のとき，基本周波数はつぎのように計算することができます．

$$f_0 = \frac{1}{500\,[\mu s]} = 2000\,[\text{Hz}] \tag{2.5}$$

 課題

① Arduino にブザーを接続し，矩形波の音を使って「ドレミファソラシド」のフレーズを繰り返し鳴らすプログラムを作りなさい．
② Arduino にタクトスイッチを接続し，スイッチをオンにすると音が鳴るプログラムを作りなさい．

 ヒント

楽器の音の高さは，**12 平均律音階**の定義にしたがって調律することが一般的です．図 2.19 に示すように，12 平均律音階は，音名を表すアルファベットと音域を表す数字の組み合わせによって音の高さを表すものになっています．たとえば，2093 Hz のドは C7，それよりも音域が 1 オクターブ高い 4186 Hz のドは C8 と表すことができます．1 オクターブ高い音は，基本周波数がちょうど 2 倍になっていることに注意してください．

図 2.20 は，D0 端子から D7 端子まで，8 個のディジタル端子にタクトスイッチを接続した回路になっています．それぞれ異なる音の高さを割りあて，スイッチをオンにすると音が鳴るようにすると，スイッチを鍵盤に見立てた電子ピアノを作ることができます．

なお，タクトスイッチは「Arduino をはじめようキット」のものを使うこともできますが，このキットにはタクトスイッチが 1 個しかないため，タクトスイッチを 8 個も使う回路を作るには，別途タクトスイッチを用意しなければなりません．一口にタクトスイッチと言ってもさまざまな種類があります

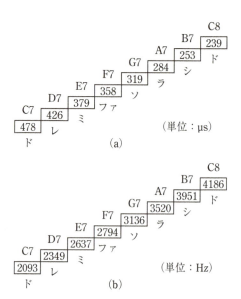

図 2.19 12平均律音階：(a) 基本周期，(b) 基本周波数

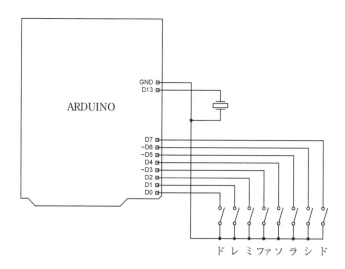

図 2.20 電子ピアノの回路

リスト 2.5　tone 関数を使ってブザーを鳴らすプログラム

```
1   void setup()
2   {
3     pinMode(13, OUTPUT);
4   }
5
6   void loop()
7   {
8     tone(13, 1000, 500);
9     delay(500);
10    tone(13, 2000, 500);
11    delay(500);
12  }
```

が，ブレッドボードに挿し込むことができるものは，秋月電子からも入手することができます。

リスト 2.4 のプログラムに示すように，マイコンボードを使って矩形波の音を鳴らすには，もちろん，0 と 1 のディジタル信号を交互に繰り返し出力するプログラムを作ることが正攻法といえるでしょう。ただし，じつは，Arduino には tone 関数という**組み込み関数**が用意されており，こうした正攻法のプログラムを作らなくても矩形波の音を鳴らすことができるようになっています。

tone 関数にはオプションの機能があり，音の高さだけでなく，音の長さも設定できるようになっています。たとえば，tone 関数を使って，基本周波数 1000 Hz と 2000 Hz の矩形波の音を，それぞれ 500 ms ずつ交互に繰り返し鳴らすプログラムはリスト 2.5 のようになります。

2.5　PWM

 やってみよう

ブレッドボードを使って，図 2.21 の回路を作ってみましょう。

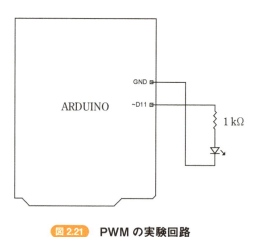

図 2.21 PWM の実験回路

リスト 2.6 LED の明るさを周期的に変化させるプログラム

```
1  int i;
2
3  void setup()
4  {
5
6  }
7
8  void loop()
9  {
10   for (i = 0; i <= 255; i++)
11   {
12     analogWrite(11, i);
13     delay(10);
14   }
15   for (i = 255; i >= 0; i--)
16   {
17     analogWrite(11, i);
18     delay(10);
19   }
20 }
```

回路が完成したら，リスト2.6のプログラムを実行し，LEDの明るさが周期的に変化することを確認してください。

解説

0Vと5Vという2段階の信号を出力するディジタル出力は，マイコンボードが外部回路をコントロールするためのしくみとして最も基本的な機能ですが，さらに，マイコンボードのなかには，0Vから5Vまでの電位を細かく分割し，多段階の信号を出力する**アナログ出力**という機能によって外部回路をコントロールできるようになっているものもあります。

アナログ出力の性能は**量子化精度**によって比較することができます。図2.22に示すように，アナログ出力は，量子化精度が1 bitの場合は2段階の信号，量子化精度が2 bitの場合は4段階の信号を出力することができます。このように，量子化精度がn bitの場合，信号の分解能は2^n段階になり，量子化精度が大きくなるにしたがって信号の分解能が指数的に細かくなっていくことがアナログ出力の特徴になっています。

アナログ出力を行うには，一般に，**DA**（Digital to Analog）**変換**と呼ばれる機能を利用することが正攻法になります。ただし，Arduinoをはじめとする入門用のマイコンボードでは，じつは，DA変換の機能を内蔵していないものも少なくありません。こうしたマイコンボードでは，そのかわりに**PWM**

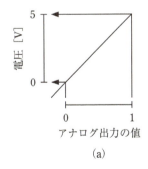
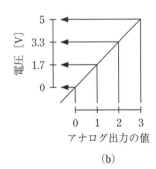

図2.22 アナログ出力：(a) 量子化精度が1 bitの場合，(b) 量子化精度が2 bitの場合

(Pulse Width Modulation）と呼ばれる機能を利用してアナログ出力を行うことが定石になっています。

もっとも，アナログ出力といっても，じつは，PWMの実体は0Vと5Vという2段階の信号を出力するディジタル出力そのものにほかなりません。ただし，単純なディジタル出力とは異なり，単位時間あたりの0Vと5Vの信号の割合を多段階でコントロールできるようになっていることがPWMならではの特徴になっており，これが，アナログ出力の一種としてPWMが位置づけられている理由になっています。

こうした単位時間あたりの0Vと5Vの信号の割合を**デューティー比**と呼びます。0Vの信号を出力している時間を t_L，5Vの信号を出力している時間を t_H とすると，デューティー比 D はつぎのように定義できます。

$$D = \frac{t_H}{t_L + t_H} \tag{2.6}$$

PWMによるアナログ出力では，量子化精度はデューティー比の分解能に対応します。図2.23に示すように，Arduinoの場合，アナログ出力の量子化精度は8bitになっており，0から255まで，すなわち $256 (= 2^8)$ 段階の分解能でデューティー比をコントロールできるようになっています。

PWMによるアナログ出力では，**PWM周期**を1周期として，0Vと5Vの信号が交互に繰り返し出力されることになります。図2.24に示すように，

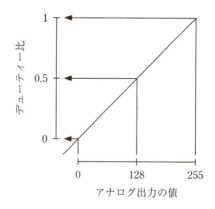

図2.23 Arduinoのアナログ出力

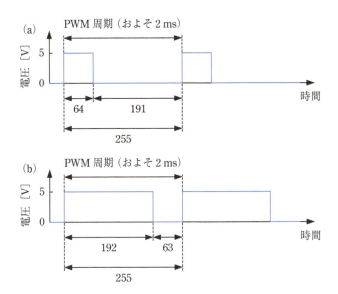

図 2.24 Arduino の PWM：(a) デューティー比が 0.25（= 64/255）の場合，(b) デューティー比が 0.75（= 192/255）の場合

Arduino の場合，PWM のクロックは 490 Hz になっており，PWM 周期はおよそ 2 ms（≅ 1/490 Hz）になっています．

PWM を利用する電子部品にはさまざまなものがありますが，そのひとつとしてあげられるのが LED です．最近の照明器具は LED を使ったものが一般的になってきていますが，PWM は，こうした照明器具の明るさをコントロールするためのしくみとして利用されています．

PWM によって 0 V と 5 V の信号を交互に繰り返し出力すると，LED は発光と消灯を繰り返し，周期的に点滅することになりますが，点滅があまりにも高速であることから，**残像効果**によって，人間の目には LED が発光し続けているように見えます．ただし，LED の明るさは LED が発光する時間によって変化することから，デューティー比をパラメータとして明るさをコントロールしているのが，こうした照明器具のしくみになっています．

リスト 2.6 は，以上のしくみをプログラムにしたものです．

analogWrite 関数は，指定した端子を使ってアナログ出力を行う関数です．このプログラムは，D11 端子を使ってアナログ出力を行い，for ループを使っ

てデューティー比をコントロールすることで，LEDの明るさを周期的に変化させるものになっています。なお，ディジタル出力とは異なり，アナログ出力では端子のモードを設定する必要はありません。

図2.21の回路は，D13端子のかわりに，D11端子にLEDを接続していることに注意してください。Arduinoの場合，「〜」の記号がついたディジタル端子だけがPWMの機能を内蔵しています。図2.1に示すように，UNOの場合，こうしたアナログ出力に対応しているのは，D3，D5，D6，D9，D10，D11の6個のディジタル端子に限られています。

課題

① Arduinoにフルカラー LEDを接続し，PWMの機能を利用して，レッドからグリーン，グリーンからブルー，ブルーからレッドの順番で，しだいに色が変化するグラデーション発光のプログラムを作りなさい。
② Arduinoにモータを接続し，PWMの機能を利用して，モータの回転数をコントロールするプログラムを作りなさい。

ヒント

図2.25に示すように，アナログ出力によってフルカラー LEDを発光させる場合は，PWMの機能を内蔵したディジタル端子にフルカラー LEDを接続する必要があります。

ディジタル出力によってフルカラー LEDを発光させる場合は，光の三原色をそれぞれ1bitでコントロールすることになるため，表現できる色は最大で$8 (= 2^1 \times 2^1 \times 2^1)$色になります。

一方，アナログ出力によってフルカラー LEDを発光させる場合は，表現できる色が格段に増えることになります。たとえば，光の三原色をそれぞれ8bitでコントロールすると，表現できる色は最大で$16{,}777{,}216 (= 2^8 \times 2^8 \times 2^8)$色になり，その名前のとおり，フルカラー LEDを使ってさまざまな色を発光させることができるようになります。

図2.26に示すように，光の三原色の明るさをそれぞれ異なるタイミングで変化させると，ひとつの色からもうひとつの色にしだいに変化する**グラデー**

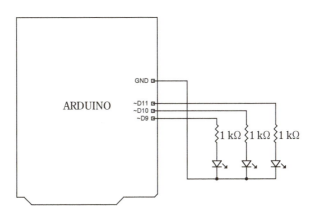

図 2.25 フルカラー LED の実験回路

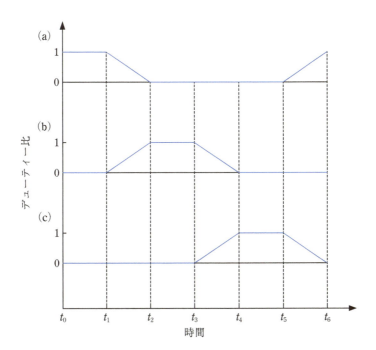

図 2.26 デューティー比のコントロール：(a) R（レッド），(b) G（グリーン），(c) B（ブルー）

ション発光を実現することができます。

LEDのほか，PWMを利用する電子部品としてあげられるのは**モータ**です。その代表ともいえるのは電車のモータですが，実験に使うものとしては，模型用のモータやコンピュータの冷却ファンなどが入手しやすいでしょう。

モータを動作させるには大きな電流を流す必要があり，**トランジスタ**を使って電流を**増幅**することが，マイコンボードを使ってモータを動作させるためのポイントになっています。

たとえば，トランジスタとして**FET**（Field Effect Transistor）**トランジスタ**を使う場合，回路は図 2.27 のようになります。図 2.28 に示すように，FETトランジスタには 3 個の端子があり，それぞれ，**ゲート**，**ドレイン**，**ソース**という名前がつけられています。図 2.29 に示すように，ゲートに電圧をかけ

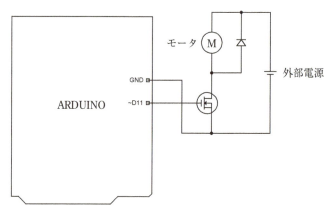

図 2.27 モータの実験回路

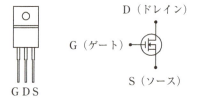

図 2.28 FETトランジスタの端子（2SK2232 の場合）

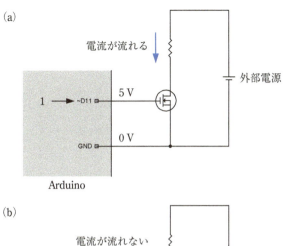

図 2.29 FETトランジスタによるスイッチング：(a) 1 を出力する場合，(b) 0 を出力する場合

るとドレインからソースに向かって大きな電流が流れるのが FET トランジスタのしくみになっていますが，まるでゲートをスイッチとして電流のオンとオフを切り替えているように見えるため，こうした動作を**スイッチング**と呼ぶことも覚えておくとよいでしょう。

　FET トランジスタは「Arduino をはじめようキット」のものを使うこともできます。また，定番の FET トランジスタとしては「2SK2232」などがあり，秋月電子からも入手することができます。

　なお，モータに流れる電流をオンからオフに切り替えると，モータを回し続けようとする**逆起電力**が発生し，逆向きの電流が流れてしまうことに注意

図 2.30　ダイオードの端子

してください。こうした電流が流れると回路が壊れてしまうおそれがあるため，バイパスさせるしくみとして，モータに並列に**ダイオード**を接続することも，回路を作るための約束事になっています。

ダイオードの端子には極性があります。図 2.30 に示すように，カソードに目印のマークがついていることに注意して回路を作ってください。

ダイオードは「Arduino をはじめようキット」のものを使うこともできます。また，定番のダイオードとしては「1N1004」などがあり，秋月電子からも入手することができます。

なお，トランジスタを使って電流を増幅する場合，その前提として，十分に大きな電流を流すことができる電源が必要になりますが，じつは，マイコンボードの電源にはそれほどの余裕はありません。そのため，外部電源として電池などを用意することも，マイコンボードを使ってモータを動作させるための約束事になっていることに注意しましょう。

2.6　AD変換

 やってみよう

ブレッドボードを使って，図 2.31 の回路を作ってみましょう。

この回路は，**可変抵抗**として，秋月電子の「半固定ボリューム（10 kΩ）」を接続したものになっています。図 2.32 に示すように，可変抵抗には 3 個の端子がありますが，1 と 3 の間にある 2 の端子はつまみに対応しており，つまみを回すことで抵抗の値を連続的に変化させることができるようになってい

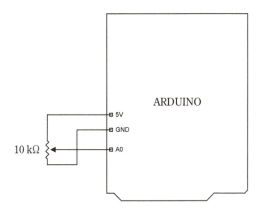

図2.31　AD変換の実験回路

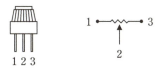

図2.32　可変抵抗の端子（半固定ボリューム（10 kΩ）の場合）

リスト2.7　可変抵抗の値を周期的に読み取るプログラム

```
1  int x;
2
3  void setup()
4  {
5    Serial.begin(9600);
6  }
7
8  void loop()
9  {
10   x = analogRead(0);
11
12   Serial.println(x);
13
14   delay(100);
15 }
```

2.6 AD変換

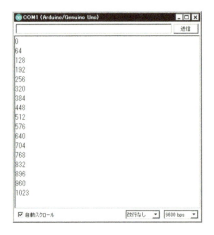

図 2.33　Arduino のシリアルモニタ

ます。

　回路が完成したら，リスト 2.7 のプログラムを実行してみましょう。プログラミング環境の「シリアルモニタ」ボタンをクリックした後，可変抵抗のつまみを回すと，図 2.33 に示すように，0 から 1023 までの値が PC の画面に表示されることを確認してください。

📖 解説

　アナログ出力とは逆に，0 V から 5 V までの電位を多段階の値に変換し，マイコンボードに入力するのが**アナログ入力**の機能にほかなりません。アナログ入力を行うには，**AD**（Analog to Digital）**変換**と呼ばれる機能を利用します。
　図 2.34 に示すように，Arduino の場合，アナログ入力の量子化精度は 10 bit になっており，0 から 1023 まで，すなわち 1024（$= 2^{10}$）段階の分解能で 0 V から 5 V までの電位を多段階の値に変換し，マイコンボードに入力できるようになっています。
　図 2.31 の回路は，5V 端子と GND 端子の間に 10 kΩ の可変抵抗をはさんだものになっています。可変抵抗の値はつまみを回すことで変化しますが，つまみを回しきり，グランドから A0 端子までの抵抗の値を 0 Ω にすると，A0

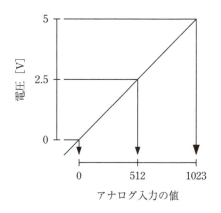

図 2.34 Arduino のアナログ入力

端子の電位は 0 V になるため，マイコンボードには 0 が入力されることになります．一方，つまみを逆向きに回しきり，グランドから A0 端子までの抵抗の値を 10 kΩ にすると，A0 端子の電位は 5 V になるため，マイコンボードには 1023 が入力されることになります．

　リスト 2.7 は，以上のしくみをプログラムにしたものです．

　analogRead 関数は，指定した端子を使ってアナログ入力を行う関数です．このプログラムは，A0 端子を使ってアナログ入力を行い，可変抵抗の値を周期的に読み取るものになっています．なお，ディジタル入力とは異なり，アナログ入力では端子のモードを設定する必要はありません．図 2.1 に示すように，UNO の場合，こうしたアナログ入力に対応しているのは，A0 端子から A5 端子まで，6 個のアナログ端子になっています．

　このプログラムは，アナログ入力の値を PC の画面に表示するため，**シリアル通信**の機能を利用しています．

　マイコンボードと PC を連携して動作させるには，お互いにデータをやり取りするしくみが必要になりますが，ひとつの手段として広く利用されているのがシリアル通信です．

　シリアル通信の機能を利用するため，Arduino に用意されているのが Serial クラスというライブラリです．Serial クラスには，シリアル通信の機能を利用するために必要な関数がまとめられており，Arduino では，Serial クラスの

2.6 AD 変換

begin 関数を使ってシリアル通信の速度を設定するだけで，シリアル通信の機能を利用することができるようになっています。なお，シリアル通信の速度にはさまざまな選択肢がありますが，リスト 2.7 のプログラムは，デフォルトの設定として 9600 bps を指定しています。

このプログラムは，こうした設定の後，Serial クラスの println 関数を使ってメッセージを送信することで，プログラミング環境の「シリアルモニタ」にアナログ入力の値を表示するものになっています。なお，シリアルモニタのかわりに，「ツール」メニューから「シリアルプロッタ」を起動すると，アナログ入力の値をグラフにして表示することもできます。

 課題

① Arduino に明るさセンサを接続し，周囲の環境の明るさを計測するプログラムを作りなさい。
② Arduino に距離センサを接続し，対象物までの距離を計測するプログラムを作りなさい。

 ヒント

センサにはさまざまなものがありますが，電位の変化によって計測値を表すしくみになっているものが少なくありません。こうしたセンサを利用するには，可変抵抗と同様，アナログ入力によって計測値を読み取ることが定石になっています。

明るさセンサは，周囲の環境の明るさを調べるためのセンサになっています。さまざまなものがありますが，そのひとつに **CdS** (Cadmium Sulfide) **セル**があります。CdS セルは，光をあてると抵抗の値が変化する半導体であり，抵抗の値を読み取ることで明るさを計測するセンサになっています。

図 2.35 は，CdS セルを動作させるための回路です。CdS セルは「Arduino をはじめようキット」のものを使うこともできます。また，ブレッドボードに挿し込むことができるものは，秋月電子からも入手することができます。

図 2.36 に示すように，CdS セルは，一般的な傾向として，明るくなると抵抗の値が小さくなり，暗くなると抵抗の値が大きくなるという特徴を示しま

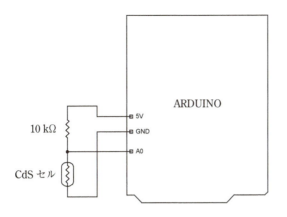

図 2.35 明るさセンサの実験回路

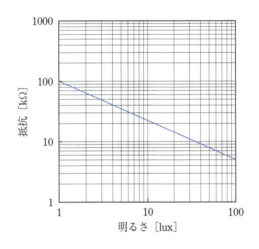

図 2.36 CdS セルの特性

す。ただし，一口に CdS セルと言ってもさまざまな種類があり，実際の特性には個体差があることに注意してください。

図 2.37 に示すように，CdS セルに直列に接続した抵抗の値を R_2，アナログ入力の値を x とすると，CdS セルの抵抗の値 R_1 は，オームの法則から，つぎのように計算することができます。

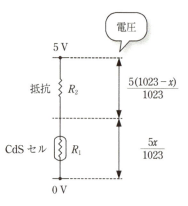

図 2.37 CdS セルに直列に抵抗を接続したときの抵抗の値とアナログ入力の値の関係

$$R_1 = \frac{x}{1023-x} R_2 \tag{2.7}$$

これを図 2.36 のグラフにあてはめると，lux（ルクス）を単位とする明るさ y は，つぎのように計算することができます．

$$y = 10^{7.69} R_1^{-1.54} \tag{2.8}$$

距離センサは，対象物までの距離を調べるためのセンサになっています．さまざまなものがありますが，そのひとつに秋月電子の「シャープ測距モジュール GP2Y0A21YK」があります．この距離センサは，センサから照射された**赤外線**が対象物で反射し，ふたたびセンサに戻ってくるときの角度を読み取ることで距離を計測するセンサになっています．

図 2.38 は，この距離センサを動作させるための回路です．

図 2.39 に示すように，この距離センサは，対象物までの距離が近くなるにつれて電位が大きくなっていくという特徴を示します．ただし，距離が近くなりすぎると，それよりも遠い距離との区別がつかなくなってしまうことに注意してください．この距離センサは，仕様として，10 cm から 80 cm までの距離を計測範囲として動作するものになっています．

アナログ入力の値を x とすると，距離センサの電位 V は，つぎのように計算することができます．

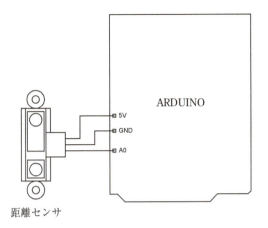

図 2.38 距離センサの実験回路

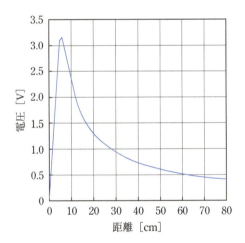

図 2.39 シャープ測距モジュール GP2Y0A21YK の特性

$$V = \frac{5x}{1023} \tag{2.9}$$

これを図 2.39 のグラフにあてはめると，cm を単位とする距離 d は，つぎのように計算することができます．

$$d = 27.22V^{-1.20} \tag{2.10}$$

ここでは，具体例としてふたつのセンサを取り上げてみましたが，いずれもアナログ入力の値は単なる数にすぎず，その意味を解釈するには，実際の物理量に変換することが不可欠であることがおわかりいただけるでしょうか。

なお，センサの計測値は，ノイズによるばらつきによって不安定になってしまうことも少なくありません。このような場合，短時間に複数回の計測を行い，平均を取ることが，ひとつの解決策になっていることも覚えておくとよいでしょう。

2.7　まとめ

本章では，Arduino を具体例として，マイコンボードによるモノづくりの基本の型について説明してみました。

こうした基本の型は，一つひとつはそれぞれ単純なものにすぎません。しかし，いずれも組み合わせしだいで，さまざまなモノづくりに発展する可能性を秘めています。

ひとつの例として，ブレッドボードを使って図 2.40 の回路を作り，リスト

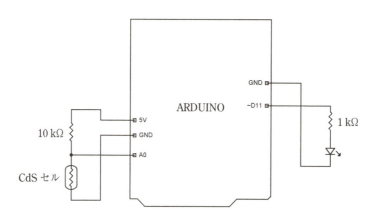

図 2.40　明るさセンサを使って LED を発光させる回路

リスト 2.8 明るさセンサを使って LED を発光させるプログラム

```
1  int x, y, xmin, xmax;
2
3  void setup()
4  {
5    xmin = 500;
6    xmax = 800;
7  }
8
9  void loop()
10 {
11   x = analogRead(0);
12
13   if (x < xmin)
14   {
15     x = xmin;
16   }
17   if (x > xmax)
18   {
19     x = xmax;
20   }
21   y = (int)((float)255 * (x - xmin) / (xmax - xmin));
22
23   analogWrite(11, y);
24
25   delay(20);
26 }
```

2.8 のプログラムを実行してみましょう．部屋が暗くなると，それに反比例するように LED が明るく発光することを確認してください．このように，LED と明るさセンサを組み合わせると，自動調光の機能を内蔵した照明器具を作ることができます．

もうひとつの例として，ブレッドボードを使って図 2.41 の回路を作り，リスト 2.9 のプログラムを実行してみましょう．距離センサに手をかざすと，手の位置によって音の高さが変化することを確認してください．アンテナに手をかざすことで音をコントロールする電子楽器に「テルミン」がありますが，アンテナのかわりに距離センサを使っても同じようなしくみを実現できることがおわかりいただけるでしょうか．

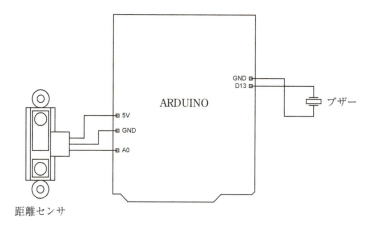

図 2.41 距離センサを使ってブザーを鳴らす回路

　一見すると複雑な機能も，そのしくみを分解してみると，じつは，単純な機能の組み合わせにすぎないことが少なからず見えてきます。こうした視点からモノづくりをながめてみることが，エンジニアとしてモノづくりに向き合うための大事な心構えになるのではないでしょうか。

リスト 2.9 距離センサを使ってブザーを鳴らすプログラム

```
1   int x[10], i, j, mean, f;
2
3   void setup()
4   {
5     pinMode(13, OUTPUT);
6
7     i = 0;
8   }
9
10  void loop()
11  {
12    i = i % 10;
13    x[i] = analogRead(0);
14
15    mean = 0;
16    for (j = 0; j < 10; j++)
17    {
18      mean += x[j];
19    }
20    mean /= 10;
21
22    f = mean * 5;
23    tone(13, f);
24
25    i++;
26
27    delay(20);
28  }
```

Processingをはじめよう

マイコンボードと PC を連携して動作させると，モノづくりの可能性が大きく広がることになります．本章では，Arduino と Processing を具体例として，こうしたモノづくりの基本の型について勉強してみることにしましょう．

3.1 準備

マイコンボードと PC を連携して動作させると，マイコンボードの機能だけでなく，PC が得意とする**グラフィックス**や**サウンド**といった機能を組み合わせて利用できるようになるため，モノづくりの可能性が大きく広がることになります．

こうしたモノづくりに挑戦するには，マイコンボードだけでなく，PC のアプリケーションを作るためのプログラミング環境が必要になります．さまざまなものがありますが，Arduino と相性のよいプログラミング環境として知られているのが「Processing（プロセッシング）」です．本書では，Arduino と Processing を具体例として，こうしたモノづくりの基本の型について勉強してみることにしましょう．

Processing のプログラミング環境は，https://processing.org/download/?processing から無料でダウンロードすることができます．PC の種類に合わせてプログラミング環境をインストールしてください．

なお，最新版の Processing をインストールする場合，サウンド機能を利用するには，そのためのライブラリを別途セットアップする必要があります．さまざまなライブラリを自由に組み合わせて利用できるのが最新版の Processing の特徴になっていますが，初心者の方は，あらかじめサウンド機能がセットアップされているバージョン 2.2.1 をインストールしたほうが便利かもしれません．

プログラミング環境がインストールできたら，Processing が正しく動作するかどうか確認してみましょう．プログラミング環境を起動し，図 3.1 に示すように，リスト 3.1 のプログラムを入力してください．お急ぎの方は，本

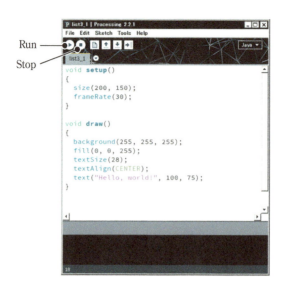

図 3.1　**Processing のプログラミング環境**

リスト 3.1　Processing の動作を確認するためのプログラム

```
1   void setup()
2   {
3     size(200, 150);
4     frameRate(30);
5   }
6
7   void draw()
8   {
9     background(255, 255, 255);
10    fill(0, 0, 255);
11    textSize(28);
12    textAlign(CENTER);
13    text("Hello, world!", 100, 75);
14  }
```

図 3.2 リスト 3.1 のプログラムの実行画面

書のサポートサイト（http://floor13.sakura.ne.jp/）からプログラムをコピーしていただいてかまいません。

　プログラムが入力できたら，「Run」ボタンをクリックしてください．図 3.2 に示すように，ウィンドウが開き，テキストが表示されるようであれば，Processing は正しく動作しています．プログラムを停止するには「Stop」ボタンをクリックしてください．

　本章では，以下，「やってみよう」と「解説」を通して，Processing の基本的な使い方について説明していきます．なお，腕試しとして用意した「課題」についても，「ヒント」を参考にして，ぜひ挑戦してみてください．

3.2　グラフィックス

 やってみよう

　リスト 3.2 のプログラムを実行し，図 3.3 に示すように，ウィンドウに円が描画されることを確認してください．

リスト 3.2 円を描画するプログラム

```
1   void setup()
2   {
3     size(200, 150);
4     frameRate(30);
5   }
6
7   void draw()
8   {
9     background(255, 255, 255);
10    stroke(0, 0, 0);
11    fill(255, 255, 255);
12    ellipse(100, 75, 30, 30);
13  }
```

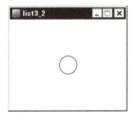

図 3.3 リスト 3.2 のプログラムの実行画面

 解説

　グラフィックス機能を利用して，プログラムの動作を画面に表示することは，PCのアプリケーションを作るための基本的なテクニックのひとつといえるでしょう。プログラムの動作を目で見て確認することは，言ってみれば，マイコンボードではLチカにあたるわけですが，テキストや図形などを表示することで，さらに高度な表現を可能にしているのが，PCのグラフィックス機能ならではの特徴になっています。
　こうしたグラフィックス機能を使いこなすうえで，基本の型のひとつになっ

ているのが**プリミティブ図形**の描画です。一見すると複雑な図形も，じつは，点や線といった単純な図形に分解することができるのですが，こうしたプリミティブ図形の描画に挑戦してみることは，PCのグラフィックス機能について勉強するうえで誰もが一度は通る道にほかなりません。

Processingの場合，プリミティブ図形を描画するプログラムはリスト3.2のようになります。わずか10行ほどにすぎませんが，このプログラムのしくみを理解することは，Processingの使い方をマスターするための最初の一歩になるといってよいでしょう。

図3.4に示すように，Processingのプログラムは，setup関数とdraw関数というふたつの関数を骨格として動作します。setup関数には初期設定が記述されており，最初に1回だけ実行されます。一方，draw関数にはメインの処理が記述されており，**無限ループ**によって繰り返し実行されます。このように，無限ループによってメインの処理が繰り返し実行されるのは，第2章で説明したArduinoのプログラムのしくみとまったく同じです。

リスト3.2のプログラムをながめてみましょう。

このプログラムは，まず，setup関数を実行することで，初期設定として，ウィンドウの設定を行っています。

size関数は，ウィンドウのサイズを設定する関数です。このプログラムは，ウィンドウのサイズとして，横を200，縦を150に設定しています。なお，図3.5に示すように，ウィンドウの座標系は，左上のコーナーが原点になっていることに注意してください。widthとheightは，それぞれウィンドウの横

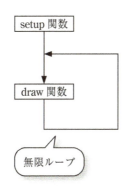

図3.4　**Processingのプログラムの基本構造**

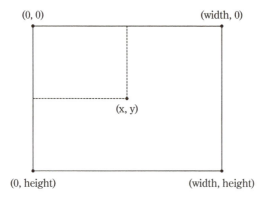

図 3.5 ウィンドウの座標系

と縦のサイズを表しており，あらためて定義しなくてもプログラムのなかで自由に使うことができる**システム変数**になっています。

frameRate 関数は，ウィンドウの**フレームレート**を設定する関数です。このプログラムは，フレームレートを 30 に設定し，1 秒間あたり 30 回の速度でウィンドウを書き換えるものになっています。

つづいて，このプログラムは，draw 関数を実行することで，メインの処理として，円の描画を行っています。

background 関数は，指定した色でウィンドウの背景を塗りつぶす関数です。また，stroke 関数は図形の輪郭線の色，fill 関数は図形の内部の色を指定する関数です。いずれも，**光の三原色**である R（レッド），G（グリーン），B（ブルー）をそれぞれ 8 bit でコントロールし，0 から 255 まで，すなわち 256（$= 2^8$）段階の分解能でパラメータを指定することで，さまざまな色を指定する関数になっています。たとえば，このプログラムに示すように，すべてを 0 にすると黒，すべてを 255 にすると白を指定することができます。

図 3.6 に示すように，プリミティブ図形を描画するため，Processing にはいくつかの関数が用意されています。その名前のとおり，ellipse 関数は楕円を描画する関数ですが，横と縦のサイズを同じにすると円を描画することができます。このプログラムは，ウィンドウの背景を白く塗りつぶした後，輪郭線の色を黒，内部の色を白に指定してから，(100, 75) を中心座標とする直径 30 の円を描画するものになっています。

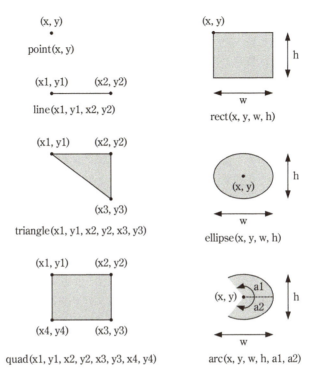

図 3.6 Processing のプリミティブ図形

　じつは，実行画面をながめても何も変化がないように見えますが，このプログラムは，1 秒間あたり 30 回の速度で背景を塗りつぶし，そのたびに円を書き換えるものになっています。こうした一連の処理を無限ループによって繰り返し実行することで，同じ位置に静止しているように見える円を表示しているのが，このプログラムのしくみにほかなりません。

　PC のグラフィックス機能のひとつとして，ここでは，プリミティブ図形の描画に挑戦してみましたが，単純とはいえ実際にプログラムを動作させてみることは，Processing のグラフィックス機能について理解するための最初の一歩になるといってよいでしょう。

　もっとも，プリミティブ図形の描画は，Processing のグラフィックス機能のなかではあくまでも初歩的なものにすぎません。

じつは，Processing には，**画像処理**や **CG**（Computer Graphics）のためのグラフィックス機能がひととおり用意されており，さらに高度な処理も可能になっています。興味のある方は，インターネットを検索し，こうしたグラフィックス機能の具体例についてぜひ調べてみてください。

 課題

① プリミティブ図形を組み合わせて，複雑な図形を描画しなさい。
② 円の位置を少しずつ変化させながら繰り返し描画することで，まるでボールが移動しているように見えるアニメーションのプログラムを作りなさい。

ヒント

図 3.7 に示すように，一見すると複雑な図形も，プリミティブ図形を組み合わせることで描画することができます。なお，図形を重ねる場合は，先に描画した図形よりも，後から描画した図形が手前に配置されることに注意してください。

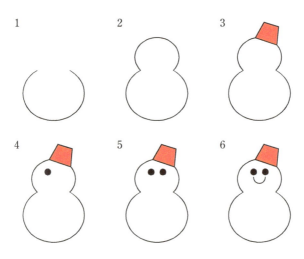

図 3.7　プリミティブ図形の組み合わせ

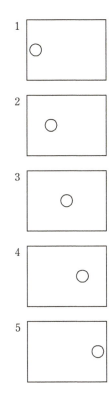

図3.8　アニメーションの原理

　図3.8に示すように，円の位置を少しずつ変化させながら繰り返し描画すると，人間の目には，まるでボールが移動しているように見えます。これが，**アニメーションの原理**にほかなりません。

　なお，ウィンドウを書き換える速度は，フレームレートによって変化します。同じアニメーションでも，フレームレートを変更すると速度が変化することに注意してください。

3.3 マウス

 やってみよう

リスト3.3のプログラムを実行し，図3.9に示すように，マウスをクリックするたびにテキストと背景の色が交互に反転することを確認してください。

リスト3.3 マウスをクリックするたびにテキストと背景の色が交互に反転するプログラム

```
1   int x;
2
3   void setup()
4   {
5     size(200, 150);
6     frameRate(30);
7
8     x = 1;
9   }
10
11  void draw()
12  {
13    if (x == 0)
14    {
15      background(255, 255, 255);
16      fill(0, 0, 255);
17      textSize(28);
18      textAlign(CENTER);
19      text("click", 100, 75);
20    }
21    else
22    {
23      background(0, 0, 255);
24      fill(255, 255, 255);
25      textSize(28);
26      textAlign(CENTER);
27      text("click", 100, 75);
28    }
29  }
30
31  void mousePressed()
```

```
32  {
33    x = 1 - x;
34  }
```

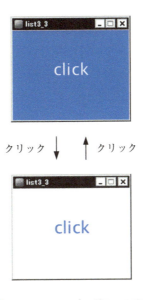

図 3.9　リスト 3.3 のプログラムの実行画面

 解説

　第 2 章で説明したように，コンピュータに対してインタラクティブな操作を行うには，マイコンボードの場合，スイッチを使うことが基本になっています。一方，PC の場合，スイッチのかわりになるのがマウスです。

　マウスを操作すると，移動やクリックなどさまざまな**イベント**が発生することになりますが，Processing には，こうしたイベントが発生するたびに，それぞれに対応した関数を自動的に呼び出すしくみが用意されています。

　リスト 3.3 のプログラムは，マウスがクリックされるたびに，mousePressed

関数を自動的に呼び出し，テキストと背景の色が交互に反転するように変数 x を書き換えるものになっています。x が 0 のとき，テキストは青，背景は白になります。一方，x が 1 のとき，テキストは白，背景は青になります。

Processing には，ウィンドウにテキストを表示するため，さまざまな関数が用意されています。fill 関数は文字の色，textSize 関数は文字のサイズ，textAlign 関数は文字そろえのポジションを指定する関数です。こうした関数を使ってフォーマットを指定した後，text 関数を使ってテキストを表示するのが，Processing を使ってウィンドウにテキストを表示するための一連の手順になっています。

 課題

①プリミティブ図形を組み合わせてトグルボタンを描画し，マウスをクリックするたびにオンとオフの表示が交互に切り替わるプログラムを作りなさい。

②プリミティブ図形を組み合わせてスライダーを描画し，マウスをドラッグするとつまみの位置が変化するプログラムを作りなさい。

ヒント

図 3.10 に示すように，**マウスポインタ**の位置を把握するためのしくみとして，Processing には mouseX と mouseY というシステム変数が用意されています。それぞれマウスポインタの x 座標と y 座標に対応しており，こうしたシステム変数を利用することで，マウスポインタの位置をリアルタイムに把握することができるようになっています。

みなさんもよくご存知のことと思いますが，PC のアプリケーションは，ボタンやスライダーといったインターフェースを使って直感的な操作を可能にする **GUI**（Graphical User Interface）のしくみを利用したものが一般的です。マウスポインタの位置をリアルタイムに把握することは，こうした GUI インターフェースを動作させるうえで不可欠のしくみになっています。

たとえば，図 3.11 に示すように，マウスをクリックするたびにオンとオフの表示が交互に切り替わる**トグルボタン**を動作させるには，マウスポインタ

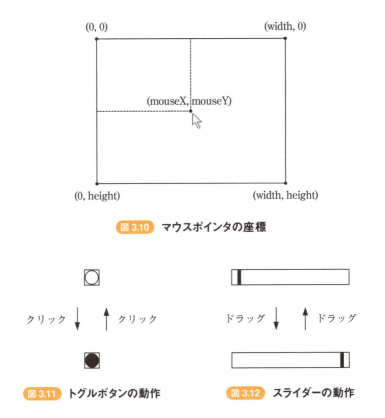

図 3.10 マウスポインタの座標

図 3.11 トグルボタンの動作

図 3.12 スライダーの動作

の位置を把握し，ボタンの上でマウスがクリックされたことを判定する必要があります。

また，図 3.12 に示すように，マウスをドラッグするとつまみの位置が変化する**スライダー**を動作させるには，スライダーの上でマウスがクリックされたことを判定するとともに，マウスがクリックされてからリリースされるまでのマウスポインタの移動量をチェックする必要があります。

このように，PC のアプリケーションではおなじみの GUI インターフェースも，あらためて自分の手で作ってみると，思ったよりも複雑な処理をしていることが具体的に見えてくるのではないでしょうか。

なお，ここでは，プリミティブ図形を組み合わせて GUI インターフェースを描画してみましたが，実際のアプリケーションでは，それぞれの状態ごと

に画像ファイルを用意しておき，マウスの操作に合わせて画像ファイルを切り替えて表示することが定石のひとつになっています。画像ファイルの切り替えをスムーズに行うことで，まるで本物のボタンやスライダーを操作しているように見せているのが，こうした GUI インターフェースのしくみになっています。

3.4　サウンド

 やってみよう

リスト 3.4 のプログラムをフォルダに保存し，それと同じフォルダに効果音の音データを保存してください。効果音の音データとしては，たとえば，Windows 7 の場合は，「コンピューター」→「ローカルディスク (C:)」→「Windows」→「Media」のなかにある「ding.wav」などをコピーして使うのもひとつの方法です。

つづいて，リスト 3.4 のプログラムを実行し，マウスをクリックするたびに効果音が鳴ることを確認してください。

リスト 3.4　効果音を鳴らすプログラム

```
1   import ddf.minim.*;
2   
3   Minim minim;
4   AudioSample ding;
5   int x;
6   
7   void setup()
8   {
9     size(200, 150);
10    frameRate(30);
11  
12    minim = new Minim(this);
13    ding = minim.loadSample("ding.wav");
14  
```

```
15    x = 1;
16  }
17
18  void draw()
19  {
20    if (x == 0)
21    {
22      background(255, 255, 255);
23      fill(0, 0, 255);
24      textSize(28);
25      textAlign(CENTER);
26      text("click", 100, 75);
27    }
28    else
29    {
30      background(0, 0, 255);
31      fill(255, 255, 255);
32      textSize(28);
33      textAlign(CENTER);
34      text("click", 100, 75);
35    }
36  }
37
38  void mousePressed()
39  {
40    ding.trigger();
41    x = 1 - x;
42  }
43
44  void stop()
45  {
46    ding.close();
47    minim.stop();
48    super.stop();
49  }
```

 解説

　第2章で説明したように，マイコンボードも，ブザーを接続すれば音を鳴らすことができますが，簡単に鳴らすことができるのは矩形波のような単純

な音に限られています。

　一方，さまざまな音を自由自在に鳴らすことができるのが，PC のサウンド機能ならではの特徴になっています。

　Processing の場合，サウンド機能を利用するには，そのためのライブラリが必要になります。こうしたライブラリには，さまざまな選択肢がありますが，初心者の方は「Minim」を利用するのが便利でしょう。Minim はデフォルトのライブラリとして利用されてきた経緯があり，バージョン 2.2.1 の Processing であれば，インストールするだけで自動的にセットアップされます。ただし，バージョン 3 以降の Processing ではオプションになっているため，別途セットアップが必要になることに注意してください。

　Minim にはさまざまな機能が用意されていますが，**WAVE** や **MP3** といったフォーマットでファイルに保存された音データを読み出して鳴らすことが最初の一歩になるでしょう。

　Minim を利用して，こうしたプログラムを作るには，じつは，音の長さに合わせて関数を使いわけることが約束事になっています。たとえば，効果音のように短い音であれば，AudioSample クラスの関数を使います。AudioSample クラスには，ファイルから音データを読み出すための関数として loadSample 関数，音データを再生するための関数として trigger 関数が用意されており，これらの関数を組み合わせることで効果音を鳴らすことができるようになっています。

　リスト 3.4 のプログラムは，setup 関数のなかであらかじめ効果音の音データを読み出しておき，マウスがクリックされるたびに，mousePressed 関数のなかで効果音を鳴らすものになっています。

　なお，Minim を利用して，こうしたプログラムを作るには，プログラムを停止する際の処理として，stop 関数を定義することが約束事になっていることにも注意しましょう。

　じつは，Minim には，**サイン波**や**ノコギリ波**といった**プリミティブ波形**を組み合わせることでシンセサイザのような音を作り出したり，**マイク**を使って PC に入力した音声をリアルタイムに処理したりする機能も用意されています。興味のある方は，インターネットを検索し，こうしたサウンド機能の具体例についてぜひ調べてみてください。

課題

① マウスをクリックすると音楽の再生をはじめるプログラムを作りなさい。音楽の音データとしては，たとえば，Windows 7 の場合は，「ライブラリ」→「ミュージック」→「サンプルミュージック」にある「Kalimba.mp3」などをコピーして使うのもひとつの方法です。

② マウスをクリックするたびに再生と一時停止が交互に切り替わる音楽プレーヤーを作りなさい。

ヒント

Minim を利用して音を鳴らす場合，音楽のように長い音であれば，AudioPlayer クラスの関数を使います。図 3.13 に示すように，AudioPlayer クラスには，ファイルから音データを読み出すための関数として loadFile 関数，音データを再生するための関数として play 関数など，さまざまな関数が用意されています。

音楽プレーヤーのプログラムを作る場合，図 3.14 に示すように，再生と一時停止のトグルボタンを描画し，さらに再生位置を表示する機能をつけ加え

関数	機能
loadFile("ファイル名")	音データの読み込み
play()	再生
loop()	ループ再生
pause()	一時停止
rewind()	巻き戻し
length()	音データの長さのチェック
position()	再生位置のチェック

図 3.13　**AudioPlayer クラスの関数**

図 3.14 音楽プレーヤーのインターフェース

ると，プログラムの動作を目で見て確認することができるようになり，使い勝手がよいものになるでしょう。

3.5 シリアル通信

 やってみよう

　ブレッドボードを使って図 3.15 の回路を作り，リスト 3.5 の Arduino のプログラムを実行してください。つづいて，リスト 3.6 の Processing のプログラムを実行してください。

　図 3.16 に示すように，リスト 3.6 のプログラムの実行画面でマウスをクリックするたびに，ひとつ目のトグルボタンの表示が切り替わり，それと同時に，LED の発光と消灯が切り替わることを確認してください。

　また，スイッチを押すたびに，ふたつ目のトグルボタンの表示が切り替わることを確認してください。

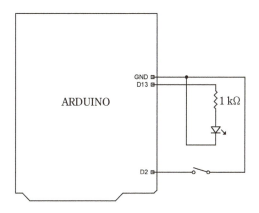

図 3.15 シリアル通信の実験回路

リスト 3.5 シリアル通信の実験のための Arduino のプログラム

```
1   int x, y, s, r;
2
3   void setup()
4   {
5     pinMode(13, OUTPUT);
6     pinMode(2, INPUT_PULLUP);
7
8     Serial.begin(9600);
9
10    x = 1;
11    y = 1;
12    s = 1;
13    r = 1;
14  }
15
16  void loop()
17  {
18    if (Serial.available() >= 1)
19    {
20      r = Serial.read();
21
22      if (r == 0)
23      {
24        digitalWrite(13, 1);
```

```
25      }
26      else
27      {
28        digitalWrite(13, 0);
29      }
30    }
31
32    x = digitalRead(2);
33
34    if (y == 1 && x == 0)
35    {
36      s = 1 - s;
37      Serial.write(s);
38    }
39    y = x;
40
41    delay(20);
42  }
```

リスト 3.6 シリアル通信の実験のための Processing のプログラム

```
1   import processing.serial.*;
2
3   Serial serial;
4   int s, r;
5
6   void setup()
7   {
8     size(200, 150);
9     frameRate(30);
10
11    serial = new Serial(this, "COM1", 9600);
12
13    s = 1;
14    r = 1;
15  }
16
17  void draw()
18  {
19    background(255, 255, 255);
20
```

```
21    if (serial.available() >= 1)
22    {
23      r = serial.read();
24    }
25
26    if (r == 0)
27    {
28      stroke(0, 0, 0);
29      fill(255, 255, 255);
30      rect(90, 90, 20, 20);
31      fill(0, 0, 0);
32      ellipse(100, 100, 18, 18);
33    }
34    else
35    {
36      stroke(0, 0, 0);
37      fill(255, 255, 255);
38      rect(90, 90, 20, 20);
39      fill(255, 255, 255);
40      ellipse(100, 100, 18, 18);
41    }
42
43    if (s == 0)
44    {
45      stroke(0, 0, 0);
46      fill(255, 255, 255);
47      rect(90, 40, 20, 20);
48      fill(0, 0, 0);
49      ellipse(100, 50, 18, 18);
50    }
51    else
52    {
53      stroke(0, 0, 0);
54      fill(255, 255, 255);
55      rect(90, 40, 20, 20);
56      fill(255, 255, 255);
57      ellipse(100, 50, 18, 18);
58    }
59  }
60
61  void mousePressed()
62  {
63    s = 1 - s;
64    serial.write(s);
65  }
```

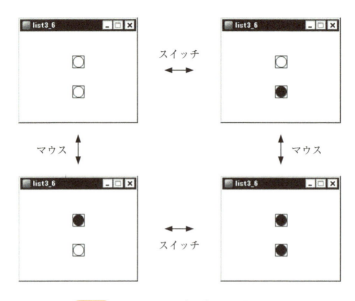

図 3.16 リスト 3.6 のプログラムの実行画面

 解説

　マイコンボードと PC を連携して動作させると，それぞれが得意とする機能を組み合わせて利用できるようになるため，モノづくりの可能性が大きく広がることになります。図 3.17 に示すように，こうしたしくみを実現するため，マイコンボードと PC の間でデータをやり取りするための**プロトコル**として広く利用されているのが**シリアル通信**です。

　もちろん，シリアル通信の機能は，Arduino と Processing にも用意されています。Arduino と Processing は，そもそもルーツが同じこともあり，プログラムのしくみがよく似ているのですが，じつは，シリアル通信によるデータのやり取りも，その手順は基本的に同じものになっています。

　シリアル通信の機能を利用するため，Arduino と Processing に用意されているのが Serial クラスというライブラリです。Serial クラスには，シリアル通信の機能を利用するために必要な関数がまとめられており，図 3.18 に示す

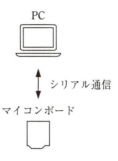

図 3.17 シリアル通信によるマイコンボードと PC の連携

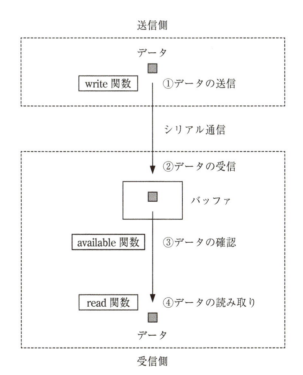

図 3.18 Arduino と Processing の間でデータをやり取りするための一連の手順

3.5 シリアル通信

ように，write 関数を使ってデータを送信し，available 関数と read 関数を使ってデータを受信するのが，Arduino と Processing の間でデータをやり取りするための一連の手順になっています。

受信されたデータは**バッファ**に格納されます。もちろん，データが届いていなければデータを読み取ることはできません。そのため，available 関数を使ってデータが届いていることを確認した後，read 関数を使ってデータを読み取ることが，受信されたデータを処理する際の約束事になっています。なお，available 関数は，バッファに格納されたデータのサイズを byte 単位でチェックする関数になっています。

リスト 3.5 とリスト 3.6 は，以上のしくみをプログラムにしたものです。これらのプログラムを連携して動作させると，Arduino と Processing の間でシリアル通信によるデータのやり取りを実現することができます。いずれも，変数 s は送信データ，変数 r は受信データを表しており，これらの変数を使ってマウスとスイッチの動作をやり取りするものになっています。

なお，これらのプログラムを連携して動作させるには，そのための約束事として，シリアルポートの ID とシリアル通信の速度を正しく指定する必要があります。

リスト 3.6 の Processing のプログラムは，シリアルポートの ID として「COM1」を指定したものになっていますが，正しくは Arduino が接続されているシリアルポートの ID を指定する必要があり，実際の環境に合わせて書き換える必要があります。Arduino が接続されているシリアルポートの ID は，Arduino のプログラミング環境の「ツール」メニューから「シリアルポート」を選択することで確認することができます。

シリアル通信の速度にはさまざまな選択肢がありますが，これらのプログラムは，デフォルトの設定として 9600 bps を指定しています。

課題

① Arduino に LED を接続し，図 3.19 の回路を作りなさい。PC のウィンドウに描画したスライダーを操作すると，それにともなって，LED の明るさが変化するプログラムを作りなさい。

② Arduino に可変抵抗を接続し，図 3.20 の回路を作りなさい。可変抵抗を操

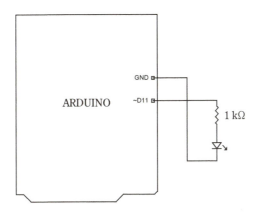

図 3.19　アナログ出力の実験回路

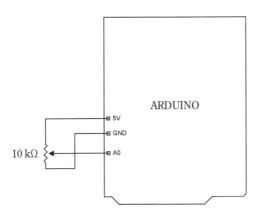

図 3.20　アナログ入力の実験回路

作すると，それにともなって，PC のウィンドウに描画したスライダーの表示が変化するプログラムを作りなさい．

ヒント

第 2 章でも説明しましたが，シリアル通信によって PC とデータをやり取りするためのひとつの手段として，Arduino には「シリアルモニタ」という

3.5 シリアル通信

ツールが用意されています。

　シリアルモニタは，データのやり取りに print 関数や println 関数といった高レベルの関数を使うことが特徴になっているのですが，じつは，これらの関数を使うと，シリアル通信によってデータをやり取りするための一連の手順がすべて自動的に実行されることになるため，プログラムを簡単に作ることができるというメリットがあります。

　一方，write 関数や read 関数といった低レベルの関数を使う場合は，シリアル通信によってデータをやり取りするための一連の手順を一つひとつ記述することが，プログラムを作るための約束事になっています。とくに，これらの関数を使う場合は，一度にやり取りできるデータのサイズが 1 byte（＝ 8 bit）に制限されているというシリアル通信の約束事に注意してプログラムを作らなければなりません。

　Arduino のアナログ出力は，量子化精度が 8 bit になっており，データのサイズが 1 byte になっていることから，シリアル通信によってデータをやり取りすることはそれほど難しくはないでしょう。

　一方，Arduino のアナログ入力は，量子化精度が 10 bit になっており，データのサイズが 1 byte よりも大きいことから，シリアル通信ではデータを一度にやり取りできないことに注意する必要があります。10 bit のデータは，byte 単位で分解すると 2 byte（＝ 16 bit）のデータとして表現できるため，シリアル通信によってやり取りするには，図 3.21 に示すように，1 byte ずつ 2 回に分割してやり取りしなければなりません。

　リスト 3.7 は可変抵抗の値を読み取る Arduino のプログラム，リスト 3.8 は PC のウィンドウに可変抵抗の値を表示する Processing のプログラムです。リスト 3.8 のプログラムの実行画面でマウスを一度だけクリックすると，データのやり取りがはじまります。データの読み取りが完了した後，つぎのデータを送信してもらうように合図をやり取りすることで，同期を取りながらデータをやり取りしているのが，これらのプログラムのしくみになっています。

　なお，これらのプログラムに示すように，byte 単位のデータの分解と統合は，**ビット演算**によって処理することが定石になっていることも覚えておくとよいでしょう。

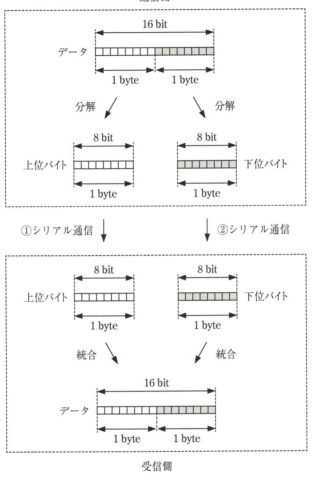

図 3.21 シリアル通信による 2 byte のデータのやり取り

リスト3.7 シリアル通信によって2 byteのデータを送信するArduinoのプログラム

```
1   int x, r, high_byte, low_byte;
2
3   void setup()
4   {
5     Serial.begin(9600);
6   }
7
8   void loop()
9   {
10    x = analogRead(0);
11
12    if (Serial.available() >= 1)
13    {
14      r = Serial.read();
15
16      high_byte = (x & 0xFF00) >> 8;
17      low_byte = x & 0x00FF;
18      Serial.write(high_byte);
19      Serial.write(low_byte);
20    }
21
22    delay(20);
23  }
```

リスト 3.8 シリアル通信によって 2 byte のデータを受信する Processing のプログラム

```
1  import processing.serial.*;
2
3  Serial serial;
4  int x, s, high_byte, low_byte;
5
6  void setup()
7  {
8    size(200, 150);
9    frameRate(30);
10
11   serial = new Serial(this, "COM1", 9600);
12
13   s = 1;
14 }
15
16 void draw()
17 {
18   background(255, 255, 255);
19
20   if (serial.available() >= 2)
21   {
22     high_byte = serial.read();
23     low_byte = serial.read();
24     x = (high_byte << 8) + low_byte;
25
26     serial.write(s);
27   }
28
29   fill(0, 0, 255);
30   textSize(28);
31   textAlign(CENTER);
32   text(x, 100, 75);
33 }
34
35 void mousePressed()
36 {
37   serial.write(s);
38 }
```

3.6 ネットワーク通信

 やってみよう

ブレッドボードを使って図3.22の回路を作り，リスト3.9のArduinoのプログラムを実行してください。

つづいて，Processingのプログラムをふたつ実行します。ひとつ目のプログラムとしてリスト3.10のプログラムを実行した後，ふたつ目のプログラムとしてリスト3.11のプログラムを実行してください。

図3.23に示すように，リスト3.11のプログラムの実行画面でマウスをクリックするたびに，リスト3.10のプログラムの実行画面が切り替わり，それと同時に，LEDの発光と消灯が切り替わることを確認してください。

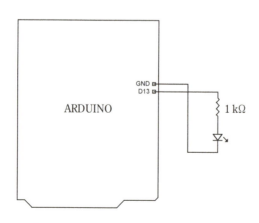

図3.22 ネットワーク通信の実験回路

リスト 3.9 ネットワーク通信の実験のための Arduino のプログラム

```
1  int r;
2
3  void setup()
4  {
5    pinMode(13, OUTPUT);
6
7    Serial.begin(9600);
8
9    r = 1;
10 }
11
12 void loop()
13 {
14   if (Serial.available() >= 1)
15   {
16     r = Serial.read();
17
18     if (r == 0)
19     {
20       digitalWrite(13, 1);
21     }
22     else
23     {
24       digitalWrite(13, 0);
25     }
26   }
27
28   delay(20);
29 }
```

リスト 3.10 ネットワーク通信の実験のための Processing のプログラム
（サーバーのプログラム）

```
1  import processing.serial.*;
2  import processing.net.*;
3
4  Serial serial;
5  Server server;
6  Client client;
7  int s, r;
```

3.6 ネットワーク通信

```
 8
 9  void setup()
10  {
11    size(200, 150);
12    frameRate(30);
13
14    serial = new Serial(this, "COM1", 9600);
15    server = new Server(this, 10000);
16
17    r = 1;
18  }
19
20  void draw()
21  {
22    background(255, 255, 255);
23
24    client = server.available();
25    if (client != null)
26    {
27      r = client.read();
28
29      s = r;
30      serial.write(s);
31    }
32
33    if (r == 0)
34    {
35      stroke(0, 0, 0);
36      fill(255, 255, 255);
37      rect(90, 65, 20, 20);
38      fill(0, 0, 0);
39      ellipse(100, 75, 18, 18);
40    }
41    else
42    {
43      stroke(0, 0, 0);
44      fill(255, 255, 255);
45      rect(90, 65, 20, 20);
46      fill(255, 255, 255);
47      ellipse(100, 75, 18, 18);
48    }
49  }
```

リスト 3.11 ネットワーク通信の実験のための Processing のプログラム
（クライアントのプログラム）

```
1   import processing.net.*;
2
3   Client client;
4   int s;
5
6   void setup()
7   {
8     size(200, 150);
9     frameRate(30);
10
11    client = new Client(this, "127.0.0.1", 10000);
12
13    s = 1;
14  }
15
16  void draw()
17  {
18    if (s == 0)
19    {
20      background(255, 255, 255);
21      fill(0, 0, 255);
22      textSize(28);
23      textAlign(CENTER);
24      text("click", 100, 75);
25    }
26    else
27    {
28      background(0, 0, 255);
29      fill(255, 255, 255);
30      textSize(28);
31      textAlign(CENTER);
32      text("click", 100, 75);
33    }
34  }
35
36  void mousePressed()
37  {
38    s = 1 - s;
39    client.write(s);
40  }
```

図 3.23 リスト 3.10 とリスト 3.11 のプログラムの実行画面

 解説

　Processing には，ネットワーク環境に接続されている PC の間でデータをやり取りするしくみとして，**ネットワーク通信**の機能が用意されています。
　図 3.24 に示すように，こうしたネットワーク通信では，ひとつの PC を**サーバー**，そのほかの PC を**クライアント**にして，クライアントのリクエストに応じてサーバーを動作させる**クライアント・サーバー方式**のしくみによってデータをやり取りすることが一般的です。
　ネットワーク通信によってデータをやり取りするには，そのための約束事として，あて先を指定するためのしくみが必要になりますが，こうしたしくみとして一般的に利用されているのが **IP アドレス**と**ポート番号**です。
　IP アドレスは，それぞれの PC を識別するために割りあてられた ID です。たとえば，図 3.24 の場合，サーバーの IP アドレスは 192.168.0.2 になってお

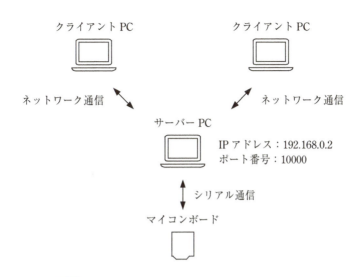

図 3.24 クライアント・サーバー方式のネットワーク通信

り，クライアントは，この IP アドレスをあて先としてデータを送信することになります。

　ポート番号は，それぞれのアプリケーションを識別するために割りあてられた ID です。ネットワーク通信では，ひとつのネットワークを使ってさまざまなアプリケーションのデータを並行してやり取りすることができますが，データのやり取りが混線しないように，それぞれのアプリケーションを識別するための ID として定義されているのがポート番号にほかなりません。たとえば，図 3.24 の場合，アプリケーションのポート番号は 10000 になっており，クライアントは，このポート番号をあて先としてデータを送信することになります。

　なお，ポート番号は 0 から 65535 までのいずれかの数を指定することができますが，0 から 1023 までは**ウェルノウンポート番号**として定義されており，ブラウザやメールなど，代表的なアプリケーションの ID として予約されていることも覚えておくとよいでしょう。

　ネットワーク通信の機能を利用するため，Processing に用意されているのが，Server クラスと Client クラスというライブラリです。シリアル通信と同様，図 3.25 に示すように，write 関数を使ってデータを送信し，available 関

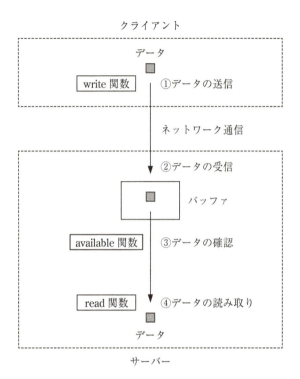

図 3.25 クライアントとサーバーの間でデータをやり取りするための一連の手順

数と read 関数を使ってデータを受信するのが，クライアントとサーバーの間でデータをやり取りするための一連の手順になっています。

リスト 3.10 とリスト 3.11 は，以上のしくみをプログラムにしたものです。これらのプログラムを連携して動作させると，Arduino に対するシリアル通信とともに，クライアントとサーバーの間でネットワーク通信によるデータのやり取りを実現することができます。いずれも，変数 s は送信データ，変数 r は受信データを表しており，これらの変数を使ってマウスの動作をやり取りするものになっています。

リスト 3.10 のプログラムは，ポート番号として 10000 を指定することで，クライアントからのデータを受信するサーバーのプログラムとして動作しています。一方，リスト 3.11 のプログラムは，サーバーの IP アドレスとして

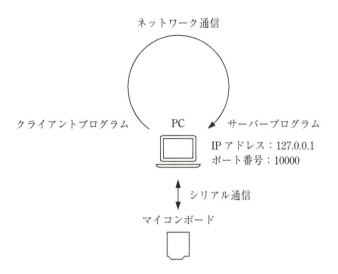

図 3.26 ループバックアドレスを使ったネットワーク通信

127.0.0.1,ポート番号として 10000 を指定することで,サーバーに対してデータを送信するクライアントのプログラムとして動作しています。

　もちろん,こうしたクライアント・サーバー方式によるデータのやり取りは,サーバーとクライアントをそれぞれ別々の PC に割りあてて動作させることが一般的ですが,じつは,リスト 3.10 とリスト 3.11 のプログラムは,サーバーとクライアントをどちらも同じ PC に割りあてて動作させるものになっています。

　IP アドレスのなかには,特殊なものとして,自分自身を表すアドレスが用意されています。127.0.0.1 はそのひとつですが,これを**ループバックアドレス**と呼びます。図 3.26 に示すように,IP アドレスとしてループバックアドレスを指定すると,一台の PC だけでネットワーク通信によるデータのやり取りを実現することができます。なお,専門用語として,自分自身を**ローカルホスト**,そのほかの PC を**リモートホスト**と呼ぶことも覚えておくとよいでしょう。

課題

① 複数の PC を用意し，ひとつの PC をサーバー，そのほかの PC をクライアントとして，リスト 3.10 とリスト 3.11 のプログラムの動作を確認しなさい。
② クライアントに Arduino を接続しなさい。また，Arduino にスイッチを接続しなさい。スイッチを押すたびに，サーバーのウィンドウの表示が交互に切り替わるプログラムを作りなさい。

ヒント

複数の PC によるネットワーク通信の実験を行うには，そのための準備として，それぞれの PC に IP アドレスを割りあてる必要があります。

もちろん，こうした設定をすべて手作業で行うこともできますが，それぞれの PC が**ワイヤレス通信**に対応しているのであれば，**無線 LAN ルータ**を利用するのもひとつの方法です。無線 LAN ルータに用意されている **DHCP**（Dynamic Host Configuration Protocol）の機能を利用すると，それぞれの PC に IP アドレスを自動的に割りあてることができるため，ネットワーク環境を手軽に構築することができます。

図 3.27 に示すように，PC に割りあてられた IP アドレスは，Windows 環境の場合，「コマンドプロンプト」から「ipconfig」コマンドを実行することで確認することができます。

インターネットがあたり前の存在になってしまった現在，さまざまなモノをネットワーク環境に接続し，連携して動作させることは，モノづくりの可能性を大きく広げるためのポテンシャルとして，重要な意味を持つようになってきています。ネットワーク通信の機能は，こうした **IoT**（Internet of Things）のしくみを実現するうえで不可欠であり，そのための基本の型をマスターすることは，エンジニアが身につけるべきスキルとして，ますます大事な視点になってきているように思います。

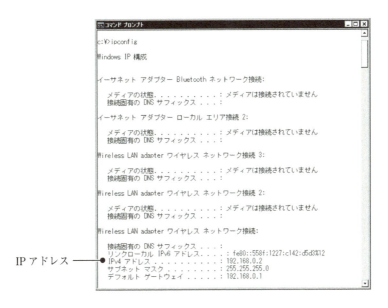

IP アドレス

図 3.27　IP アドレスの確認

3.7　まとめ

　本章では，Arduino と Processing を具体例として，マイコンボードと PC によるモノづくりの基本の型について説明してみました。

　こうした基本の型は，一つひとつはそれぞれ単純なものにすぎません。しかし，いずれも組み合わせしだいで，さまざまなモノづくりに発展する可能性を秘めています。

　ひとつの例として，ブレッドボードを使って図 3.28 の回路を作り，リスト 3.12 の Arduino のプログラムを実行した後，リスト 3.13 の Processing のプログラムを実行してみましょう。図 3.29 に示すように，これは，可変抵抗をコントローラとしてラケットを操作し，向かってくるボールを打ち返すゲームになっています。

　マイコンボードと PC を連携して動作させると一口に言っても，いまひとつイメージがわかない方も少なくないかもしれません。しかし，マイコンボー

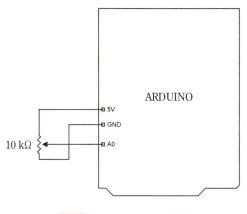

図 3.28 コントローラの回路

リスト 3.12 Arduino のプログラム

```
1   int x, r, high_byte, low_byte;
2
3   void setup()
4   {
5     Serial.begin(9600);
6   }
7
8   void loop()
9   {
10    x = analogRead(0);
11
12    if (Serial.available() >= 1)
13    {
14      r = Serial.read();
15
16      high_byte = (x & 0xFF00) >> 8;
17      low_byte = x & 0x00FF;
18      Serial.write(high_byte);
19      Serial.write(low_byte);
20    }
21
22    delay(20);
23  }
```

リスト 3.13 Processing のプログラム

```
1   import processing.serial.*;
2   import ddf.minim.*;
3
4   Serial serial;
5   Minim minim;
6   AudioSample ding;
7   int ball_x, ball_y, ball_dx, ball_dy, ball_size;
8   int racket_x, racket_y, racket_width, racket_height;
9   int xmin, xmax, ymin, ymax;
10  int s, high_byte, low_byte;
11  int state;
12
13  void setup()
14  {
15    size(240, 320);
16    frameRate(30);
17
18    serial = new Serial(this, "COM1", 9600);
19
20    minim = new Minim(this);
21    ding = minim.loadSample("ding.wav");
22
23    ball_size = 20;
24
25    xmin = ball_size / 2;
26    ymin = ball_size / 2;
27    xmax = width - ball_size / 2;
28    ymax = height - ball_size / 2;
29
30    ball_x = (int)random(xmin, xmax);
31    ball_y = 50;
32    ball_dx = 5;
33    ball_dy = 5;
34
35    racket_width = 80;
36    racket_height = 12;
37    racket_x = width / 2 - racket_width / 2;
38    racket_y = height - 50;
39
40    s = 1;
41    state = 0;
42  }
43
```

```
44  void draw()
45  {
46    if (state == 0)
47    {
48      background(0, 0, 255);
49      fill(255, 255, 255);
50      textSize(28);
51      textAlign(CENTER);
52      text("click to start", 120, 160);
53    }
54    else
55    {
56      background(0, 0, 255);
57
58      if (serial.available() >= 2)
59      {
60        high_byte = serial.read();
61        low_byte = serial.read();
62        racket_x = (high_byte << 8) + low_byte;
63
64        serial.write(s);
65      }
66
67      ball_x += ball_dx;
68      if (ball_x <= xmin)
69      {
70        ding.trigger();
71        ball_dx *= -1;
72        ball_x = xmin + (xmin - ball_x);
73      }
74      if (ball_x >= xmax)
75      {
76        ding.trigger();
77        ball_dx *= -1;
78        ball_x = xmax - (ball_x - xmax);
79      }
80
81      ball_y += ball_dy;
82      if (ball_y <= ymin)
83      {
84        ding.trigger();
85        ball_dy *= -1;
86        ball_y = ymin + (ymin - ball_y);
87      }
```

```
 88      if (ball_y >= ymax)
 89      {
 90        ding.trigger();
 91        delay(2000);
 92        ball_x = (int)random(xmin, xmax);
 93        ball_y = 50;
 94        state = 0;
 95      }
 96      if (ball_y - ball_dy <= racket_y - ball_size / 2
 97        && ball_y >= racket_y - ball_size / 2
 98        && ball_x >= racket_x
 99        && ball_x <= racket_x + racket_width)
100      {
101        ding.trigger();
102        ball_dy *= -1;
103        ball_y = racket_y - ball_size / 2
104          - (ball_y - (racket_y - ball_size / 2));
105      }
106
107      noStroke();
108      fill(255, 255, 255);
109      ellipse(ball_x, ball_y, ball_size, ball_size);
110
111      if (racket_x > width - racket_width)
112      {
113        racket_x = width - racket_width;
114      }
115      rect(racket_x, racket_y, racket_width, racket_height);
116    }
117 }
118
119 void mousePressed()
120 {
121   serial.write(s);
122   state = 1;
123 }
124
125 void stop()
126 {
127   ding.close();
128   minim.stop();
129   super.stop();
130 }
```

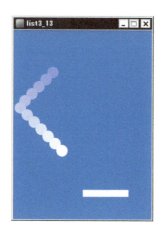

図 3.29 リスト 3.13 のプログラムの実行画面

ドをコントローラ，PC を本体と考えれば，いわゆる**家庭用ゲーム機**こそ，まさしくこうしたモノづくりの具体例になっていることがおわかりいただけるのではないでしょうか。

　もちろん，ここで紹介したゲームは，黎明期の原始的なものにすぎません。しかし，こうした単純なものであっても，その舞台裏に目を向け，あらためて自分の手で作ってみることは，遊んでいるだけでは気がつかなかったさまざまな発見をもたらしてくれる絶好の機会になることは間違いありません。こうした視点からモノづくりをながめてみることが，エンジニアとしてモノづくりに向き合うための大事な心構えになるのではないでしょうか。

プロトタイピングをはじめよう

　モノづくりの応用力を伸ばすには，作品制作を通して具体的なモノづくりに取り組むプロトタイピングに挑戦することが絶好のトレーニングになります。本章では，実際の PBL 授業のなかから生まれた作品をいくつか紹介しながら，プロトタイピングの可能性について考えてみたいと思います。

4.1　モノづくりのHowとWhat

　本書では，これまで，Arduino と Processing の基本的な使い方を紹介しながら，ハードウェアとソフトウェアを組み合わせたモノづくりの基本の型について説明してきたわけですが，もちろん，どのような技芸であれ，こうしたインプットなくして修得はおぼつきません。

　しかし，インプットだけではスキルは定着しにくいことも事実です。モノづくりの応用力を伸ばすには，アウトプットを通して実際に基本の型を使ってみることが不可欠であり，そのためには，作品制作を通して具体的なモノづくりに取り組む**プロトタイピング**に挑戦することが，そのつぎのステップとして絶好のトレーニングになるように思います。

　こうしたトレーニングでは，「どのように作るか」という**モノづくりの How**はもちろん，「何を作るか」という**モノづくりの What** について考えることが大事な視点になってきます。

　エンジニアは，往々にしてモノづくりの How だけに気をとられがちです。しかし，一体何を作ればよいのかはっきりしない成熟社会では，モノづくりの What について考えることが，それ以上に大事な視点になってきていることは間違いありません。プロトタイピングに挑戦することは，こうしたモノづくりの課題を具体的に考える機会として，まさにうってつけのトレーニングといえるのではないでしょうか。

4.2 ワークショップの意義

　大学のカリキュラムのなかでプロトタイピングに挑戦するには，PBL 教育の具体例として，授業のなかでワークショップを実施することがひとつのアプローチになるでしょう。

　もちろん，授業のなかでワークショップを実施するといっても，大学のカリキュラムのなかで，こうした授業にあてることができる時間は限られてしまっているのが実情かもしれません。しかし，逆に，限られた時間のなかでプロトタイピングに挑戦しようとするところに，じつは，授業のなかでワークショップを実施するひとつの意義があるように思います。

　締め切りがなければ，ついつい先延ばしにしてしまうのが人間というものです。時間をかければ，それだけよい作品が生まれるように思われるかもしれませんが，長丁場になるとモチベーションが持続しにくくなることを考えると，せいぜい 1 ヶ月から 2 ヶ月ほどの時間のなかで，集中してワークショップに取り組むほうが正解といえるのではないでしょうか。限られた時間のなかで何とか対応しようとする**土壇場力**を身につけることは，社会に出ると否が応でも納期を意識させられることになるエンジニアになるための大事なトレーニングにもなるように思います。

　さらに，こうした教育のアプローチは，これまでのエンジニア教育ではあまり考慮されてこなかった**他者性**を意識するうえでも大事な機会になることは間違いありません。ここに，授業のなかでワークショップを実施するもうひとつの意義があるように思います。

　もちろん，ひとりで作品制作に取り組むことは，モノづくりの How のトレーニングとしては効率的かもしれません。しかし，グループのなかでディスカッションをすることは，さまざまなバックグラウンドのアイデアを組み合わせる機会となり，モノづくりの What のトレーニングとして，またとない経験になるのではないでしょうか。グループで作品制作に取り組むことは，社会に出ると否が応でも人間関係を意識させられることになるエンジニアになるための大事なトレーニングにもなるように思います。

　作品を公開することで第三者からコメントをもらうことも，他者性を意識する機会として，またとない経験になるでしょう。

こうしたコメントのなかには，作っているだけでは気がつかなかった視点が往々にして隠れているものです。コミュニケーションを通して，さまざまなフィードバックをもらうことは，モノづくりのアイデアを客観的に考えるうえで少なからずヒントをあたえてくれるのではないでしょうか。

4.3　作品のテーマを考える

　基本の型を組み合わせると，工夫しだいでさまざまなモノを作ることができるとはいえ，具体的に作品のテーマを考えるとなると，引き出しの少ない初心者にとってみれば，やはり難しく感じてしまうのが本当のところかもしれません。

　もちろん，モノづくりにとって最も大事なことは，独創的なアイデアを思いつくことにあるわけですが，何もないところから素晴らしいアイデアがいきなり飛び出してくることはまずないでしょう。こんなことを言うと，ますます難しく感じてしまうかもしれませんが，むしろ，ありふれたアイデアにちょっとしたアレンジを加えてみるくらいの軽い気持ちのほうが，作品のテーマを考えるアプローチとしては正解といえるのではないでしょうか。実際に手を動かし，作りながら考えているうちに作品のテーマに思いいたることが，まさにプロトタイピングの真骨頂なのだろうと思います。

　最近は，インターネットの動画投稿サイトに，さまざまな作品が公開されるようになってきています。こうした作品をながめながら，「こうしたら，もっと面白くなるのでは」と想像してみることが，作品のテーマを考えるためのひとつのヒントになるかもしれません。

　みなさんもよくご存知のことと思いますが，注目を集める作品は，技術の使い方もさることながら，人間の心をとらえる**ストーリー**に裏打ちされたものがほとんどです。「モノづくりなのにストーリー？」と思われる方もいらっしゃるかもしれませんが，作ったモノをどのように使うか考えることは，言ってみればストーリーを考えることと同じであり，モノづくりのアイデアを考えるための最も大事な視点といってよいでしょう。

　単純な電子部品も，使い方によっては面白いストーリーを作り出す小道具になる可能性をおおいに秘めています。本章では，プロトタイピングのひと

つのヒントとして，実際の PBL 授業のなかから生まれた作品をいくつか紹介しようと思いますが，いずれも電子部品の使い方を工夫することで，ユーザーに興味を持ってもらうためのストーリーに結びつけたものになっています。意味づけしだいでさまざまな価値を生み出すことができるのがモノづくりの醍醐味ですが，こうした視点に気がつくことこそ，プロトタイピングの経験から得られる大事な教訓になるのではないでしょうか。

これらの作品の詳細は，本書のサポートサイト（http://floor13.sakura.ne.jp/）に公開しています。興味のある方は，作品のテーマを考えるためのひとつのヒントとして，ぜひ参考にしていただければ幸いです。

4.4　距離センサを使う

距離センサは，対象物までの距離を調べるためのセンサになっています。

距離センサにはさまざまなものがありますが，性能によって計測範囲はそれぞれ異なります。たとえば，第 2 章で紹介した「シャープ測距モジュール GP2Y0A21YK」を使うと，10 cm から 80 cm までの距離を計測することができますが，そのほかの計測範囲に対応するには，さらに性能のよい距離センサが必要になってきます。さまざまな選択肢がありますが，たとえば，秋月電子の「パララックス社超音波距離センサーモジュール」を使うと，2 cm から 300 cm までの距離を計測することができます。

距離を計測するしくみも，距離センサによってさまざまです。「シャープ測距モジュール GP2Y0A21YK」は**赤外線**を利用して距離を計測するものになっていますが，一方，「パララックス社超音波距離センサーモジュール」は**超音波**を利用して距離を計測するものになっています。

「パララックス社超音波距離センサーモジュール」は，センサから発信された超音波が対象物で反射し，ふたたびセンサに戻ってくるまでの時間を読み取ることで距離を計測するものになっています。図 4.1 に示すように，超音波が距離センサに戻ってくるまでの時間を t とすると，音速が 340 m/s の場合，距離センサから対象物までの距離 d は，m を単位とすると，つぎのように計算することができます。

$$d = \frac{340t}{2} \tag{4.1}$$

図 4.2 は，この距離センサを動作させるための回路です．リスト 4.1 の Arduino のプログラムを実行した後，リスト 4.2 の Processing のプログラムを実行し，プログラムの実行画面でマウスを一度だけクリックすると，図 4.3

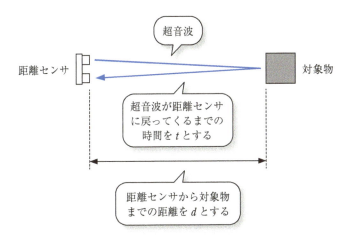

図 4.1 超音波を利用した距離センサのしくみ

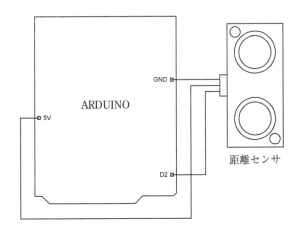

図 4.2 距離センサの実験回路

4.4 距離センサを使う

リスト 4.1 Arduino のプログラム

```
1   unsigned long t;
2   int d, r, high_byte, low_byte;
3
4   void setup()
5   {
6     Serial.begin(9600);
7   }
8
9   void loop()
10  {
11    pinMode(2, OUTPUT);
12    digitalWrite(2, 1);
13    delayMicroseconds(5);
14    digitalWrite(2, 0);
15    pinMode(2, INPUT);
16    t = pulseIn(2, 1);
17
18    d = (int)(t * 0.000001 * 340 * 100 / 2);
19
20    if (Serial.available() >= 1)
21    {
22      r = Serial.read();
23
24      high_byte = (d & 0xFF00) >> 8;
25      low_byte = d & 0x00FF;
26      Serial.write(high_byte);
27      Serial.write(low_byte);
28    }
29
30    delay(20);
31  }
```

リスト 4.2 Processing のプログラム

```
1   import processing.serial.*;
2
3   Serial serial;
4   int d, s, high_byte, low_byte;
5
6   void setup()
```

```
 7  {
 8    size(200, 150);
 9    frameRate(30);
10
11    serial = new Serial(this, "COM1", 9600);
12
13    d = 0;
14    s = 1;
15  }
16
17  void draw()
18  {
19    background(255, 255, 255);
20
21    if (serial.available() >= 2)
22    {
23      high_byte = serial.read();
24      low_byte = serial.read();
25      d = (high_byte << 8) + low_byte;
26
27      serial.write(s);
28    }
29
30    fill(0, 0, 255);
31    textSize(28);
32    textAlign(CENTER);
33    text(d + " cm", 100, 75);
34  }
35
36  void mousePressed()
37  {
38    serial.write(s);
39  }
```

に示すように，対象物までの距離がウィンドウに表示されることがおわかりいただけるはずです。

　この距離センサは，超音波の発信と受信を，どちらも同じ端子を使って処理しています。図 4.4 に示すように，端子の電位を 5 V にすると超音波を発信し，また，超音波を受信すると端子の電位が 5 V になるのが，この距離センサの特徴になっています。リスト 4.1 の Arduino のプログラムは，

図 4.3 リスト 4.2 のプログラムの実行画面

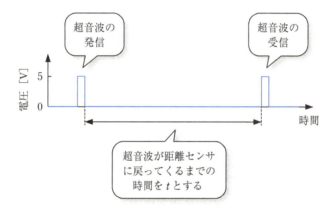

図 4.4 超音波の発信と受信（パララックス社超音波距離センサーモジュールの場合）

digitalWrite 関数と delayMicroseconds 関数を使って 5 μs の超音波を発信し，pulseIn 関数を使って超音波が距離センサに戻ってくるまでの時間を読み取ることで，対象物までの距離を計測するものになっています。

写真 4.1 は，距離センサを使ったプロトタイピングの作品です。これは，床から胸までの距離を計測し，その変化から腕立て伏せの回数を数える「腕立て伏せカウンタ」になっています。図 4.5 に示すように，単調になりがちなエクササイズを盛り上げるための工夫として，腕立て伏せの回数によって BGM を変更し，目標に到達するとエンディングのメッセージを表示するのが，この作品のアイデアになっています。写真 4.2 に，実際の動作を示しま

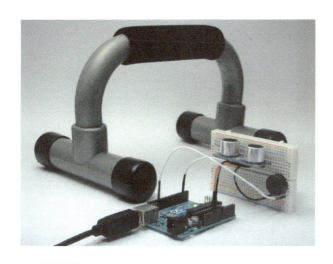

写真4.1　距離センサを使った「腕立て伏せカウンタ」

す。本書のサポートサイト（http://floor13.sakura.ne.jp/）の動画もあわせてご覧ください。

　スポーツは達成度を数値化しやすく，ゲームに仕立てやすいという特徴があります。ともすれば，人間の仕事を肩代わりする省力化だけがモノづくりのテーマとしてとらえられがちですが，**身体性**に着目し，逆に人間を動かそうとすることは，モノづくりのアイデアを考えるうえでひとつのヒントをあたえてくれるように思います。

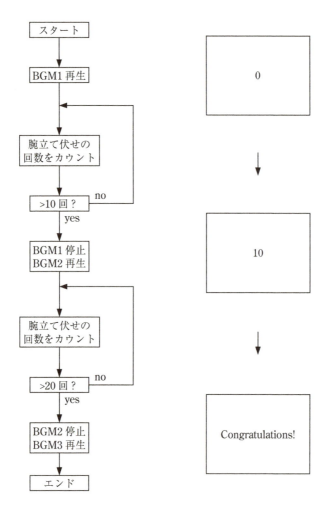

図 4.5　「腕立て伏せカウンタ」のフローチャート

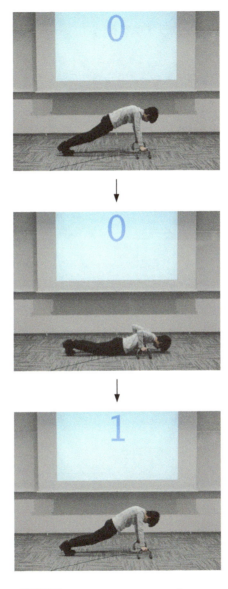

写真4.2 「腕立て伏せカウンタ」の動作

4.5　フォトインタラプタを使う

フォトインタラプタは，光がさえぎられたことをチェックすることで，物体の有無を調べるためのセンサになっています。

さまざまなものがありますが，ここでは，秋月電子の「通過型フォトインタラプタ CNZ1023（ON1023）」を使ってみることにします。図 4.6 に示すよ

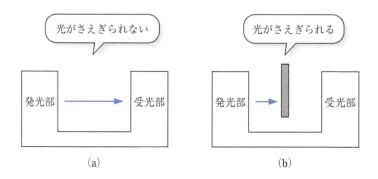

図 4.6　フォトインタラプタのしくみ：(a) 物体がない場合，(b) 物体がある場合

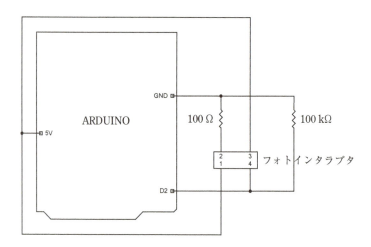

図 4.7　フォトインタラプタの実験回路

うに，このフォトインタラプタは，溝をはさんで発光部と受光部が向かい合わせに配置されたものになっており，溝を通過する物体の有無を調べるものになっています．なお，センサの計測値は，物体がない場合は5 V，物体がある場合は0 Vになります．

図4.7 は，このフォトインタラプタを動作させるための回路です．リスト4.3 のArduinoのプログラムを実行した後，リスト4.4 のProcessingのプログラムを実行すると，図4.8 に示すように，物体の有無がウィンドウに表示されることがおわかりいただけるはずです．

第2章で説明したように，Arduinoのディジタル入力にはINPUTとINPUT_PULLUPというふたつのモードがありますが，このフォトインタラプタを動作させるには，INPUTを指定し，プルアップの機能を無効にすることがポイ

リスト4.3 Arduino のプログラム

```
1   int x, y, s;
2
3   void setup()
4   {
5     pinMode(2, INPUT);
6
7     Serial.begin(9600);
8
9     x = 1;
10    y = 1;
11  }
12
13  void loop()
14  {
15    x = digitalRead(2);
16
17    if (y != x)
18    {
19      s = x;
20      Serial.write(s);
21    }
22    y = x;
23
24    delay(20);
25  }
```

リスト 4.4 Processing のプログラム

```
1  import processing.serial.*;
2
3  Serial serial;
4  int r;
5
6  void setup()
7  {
8    size(200, 150);
9    frameRate(30);
10
11   serial = new Serial(this, "COM1", 9600);
12
13   r = 1;
14 }
15
16 void draw()
17 {
18   background(255, 255, 255);
19
20   if (serial.available() >= 1)
21   {
22     r = serial.read();
23   }
24
25   if (r == 0)
26   {
27     stroke(0, 0, 0);
28     fill(255, 255, 255);
29     rect(90, 65, 20, 20);
30     fill(0, 0, 0);
31     ellipse(100, 75, 18, 18);
32   }
33   else
34   {
35     stroke(0, 0, 0);
36     fill(255, 255, 255);
37     rect(90, 65, 20, 20);
38     fill(255, 255, 255);
39     ellipse(100, 75, 18, 18);
40   }
41 }
```

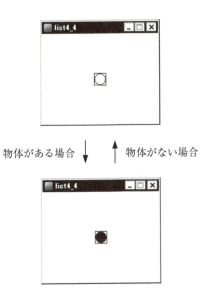

図4.8 リスト4.4のプログラムの実行画面

ントになっていることに注意してください。

　写真4.3は，フォトインタラプタを使ったプロトタイピングの作品です。これは，コインの投入口にフォトインタラプタを組み込むことで，通過したコインの枚数を数える「貯金箱」になっています。図4.9に示すように，ユーザーのモチベーションを持続させるための工夫として，ウィンドウにキャラクターを表示し，コインを投入するたびに，さまざまな応援のメッセージを読み上げるのが，この作品のアイデアになっています。写真4.4に，実際の動作を示します。本書のサポートサイト（http://floor13.sakura.ne.jp/）の動画もあわせてご覧ください。

　貯金箱は，どこにでもあるありふれたアイテムのひとつにすぎません。しかし，コンピュータと組み合わせると，こうしたアイテムにも新たな魅力を吹き込むことができます。擬人化による演出は，アイテムの存在感を際立たせるための強力なテクニックとして，さまざまな可能性を秘めているように思います。

写真 4.3 フォトインタラプタを使った「貯金箱」

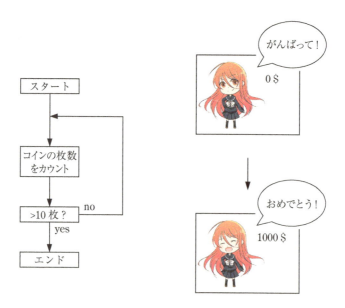

図 4.9 「貯金箱」のフローチャート

写真4.4 「貯金箱」の動作

4.5 フォトインタラプタを使う 113

4.6 加速度センサを使う

加速度センサは，加速度を計測することで，物体にかかる力を調べるためのセンサになっています。

さまざまなものがありますが，ここでは，秋月電子の「3軸加速度センサモジュール KXR94-2050」を使ってみることにします。図 4.10 に示すように，この加速度センサには3次元空間の座標系が定義されており，x 軸，y 軸，z 軸について，それぞれ $-2\,\mathrm{G}$ から $+2\,\mathrm{G}$ までの加速度を計測することができるようになっています。この加速度センサは，電源が5Vの場合，2.5Vをオフセットとして，1Gあたり1Vの電位の変化として加速度を計測するものになっています。

みなさんもよくご存知のことと思いますが，静止した物体であっても，地表面では地球の重力の影響を受けるため，1G の**重力加速度**が鉛直下向きに発生します。図 4.11 に示すように，この加速度センサを使って重力加速度を計測すると，それぞれの軸の計測値から加速度センサの傾きを把握することができ，こうしたしくみを利用することで，物体の姿勢を調べることができます。なお，重力加速度が発生しても物体が静止しているのは，じつは，重

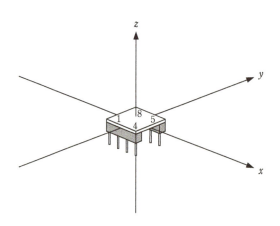

図 4.10 加速度センサの座標系（3軸加速度センサモジュール KXR94-2050 の場合）

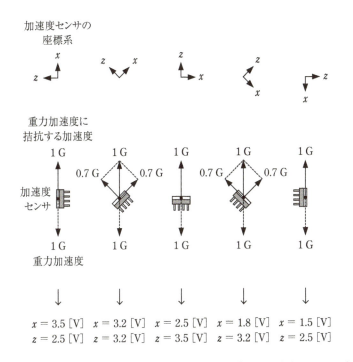

図 4.11 重力加速度に対する加速度センサの計測値（3軸加速度センサモジュール KXR94-2050 の場合）

力加速度に拮抗するように 1 G の加速度が鉛直上向きに発生するためであり，実際は，重力加速度のかわりにこうした加速度が計測されることに注意しましょう。

　図 4.12 は，この加速度センサを動作させるための回路です。リスト 4.5 の Arduino のプログラムを実行した後，リスト 4.6 の Processing のプログラムを実行し，プログラムの実行画面でマウスを一度だけクリックすると，図 4.13 に示すように，ウィンドウに描画された円を，加速度センサの傾きに応じて，まるでボールを転がすように動かすことができます。

　写真 4.5 は，加速度センサを使ったプロトタイピングの作品です。これは，じつは，加速度センサを組み込んだサイコロにほかなりません。図 4.14 に示すように，加速度センサの傾きからサイコロの目をチェックし，サイコロの目に応じて PC から再生される曲を切り替える「サイコロ型音楽プレーヤー」

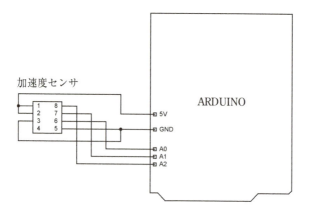

図 4.12 加速度センサの実験回路

リスト 4.5 Arduino のプログラム

```
1  int x, y, z, r, high_byte, low_byte;
2
3  void setup()
4  {
5    Serial.begin(9600);
6  }
7
8  void loop()
9  {
10   x = analogRead(0);
11   y = analogRead(1);
12   z = analogRead(2);
13
14   if (Serial.available() >= 1)
15   {
16     r = Serial.read();
17
18     high_byte = (x & 0xFF00) >> 8;
19     low_byte = x & 0x00FF;
20     Serial.write(high_byte);
21     Serial.write(low_byte);
22
23     high_byte = (y & 0xFF00) >> 8;
24     low_byte = y & 0x00FF;
```

```
25      Serial.write(high_byte);
26      Serial.write(low_byte);
27
28      high_byte = (z & 0xFF00) >> 8;
29      low_byte = z & 0x00FF;
30      Serial.write(high_byte);
31      Serial.write(low_byte);
32    }
33
34    delay(20);
35  }
```

リスト 4.6　Processing のプログラム

```
1   import processing.serial.*;
2
3   Serial serial;
4   int ball_x, ball_y, ball_dx, ball_dy, ball_size;
5   int xmin, xmax, ymin, ymax;
6   int x, y, z, s, high_byte, low_byte;
7
8   void setup()
9   {
10    size(240, 240);
11    frameRate(30);
12
13    serial = new Serial(this, "COM1", 9600);
14
15    ball_size = 80;
16
17    xmin = ball_size / 2;
18    ymin = ball_size / 2;
19    xmax = width - ball_size / 2;
20    ymax = height - ball_size / 2;
21
22    ball_x = width / 2;
23    ball_y = height / 2;
24    ball_dx = 0;
25    ball_dy = 0;
26
27    s = 1;
```

```
28  }
29
30  void draw()
31  {
32    background(0, 0, 255);
33
34    if (serial.available() >= 6)
35    {
36      high_byte = serial.read();
37      low_byte = serial.read();
38      x = (high_byte << 8) + low_byte;
39
40      high_byte = serial.read();
41      low_byte = serial.read();
42      y = (high_byte << 8) + low_byte;
43
44      high_byte = serial.read();
45      low_byte = serial.read();
46      z = (high_byte << 8) + low_byte;
47
48      ball_dx = int((512 - x) * 0.1);
49      ball_dy = int((y - 512) * 0.1);
50
51      serial.write(s);
52    }
53
54    ball_x += ball_dx;
55    if (ball_x < xmin)
56    {
57      ball_dx = 0;
58      ball_x = xmin;
59    }
60    if (ball_x > xmax)
61    {
62      ball_dx = 0;
63      ball_x = xmax;
64    }
65
66    ball_y += ball_dy;
67    if (ball_y < ymin)
68    {
69      ball_dy = 0;
70      ball_y = ymin;
71    }
```

```
72    if (ball_y > ymax)
73    {
74      ball_dy = 0;
75      ball_y = ymax;
76    }
77
78    noStroke();
79    fill(255, 255, 255);
80    ellipse(ball_x, ball_y, ball_size, ball_size);
81  }
82
83  void mousePressed()
84  {
85    serial.write(s);
86  }
```

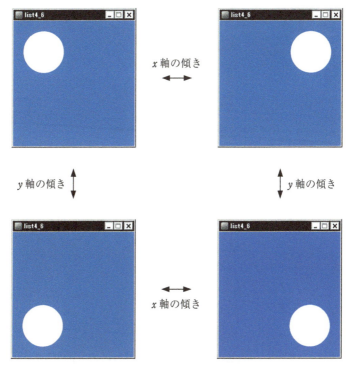

図 4.13 リスト 4.6 のプログラムの実行画面

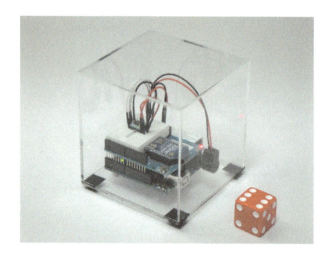

写真4.5　加速度センサを使った「サイコロ型音楽プレーヤー」

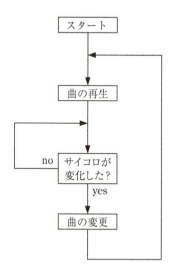

図4.14　「サイコロ型音楽プレーヤー」のフローチャート

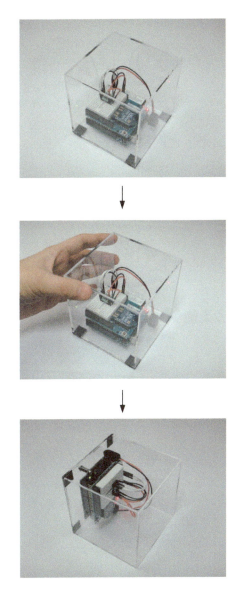

写真4.6 「サイコロ型音楽プレーヤー」の動作

として動作するのが，この作品のアイデアになっています。**写真 4.6** に，実際の動作を示します。本書のサポートサイト（http://floor13.sakura.ne.jp/）の動画もあわせてご覧ください。

　もちろん，コンピュータには乱数を生成する機能があらかじめ用意されており，わざわざサイコロを持ち出すまでもなく，ランダムな数を作り出すことができます。しかし，サイコロを振ることで乱数を生成するという操作には，身体を使ってコンピュータを操作するという直感的なわかりやすさがあり，ここに**フィジカルコンピューティング**の面白さがあるといえるでしょう。

　サイコロのような昔ながらのアイテムに機能を埋め込むことは，カタチが本来持っている役割をふまえたうえで，さらに新しい意味づけを行うことができるという面白さがあります。こうした**機能とカタチの融合**によって，これまでコンピュータとはまったく接点がなかったアイテムに新しい価値を見出そうとすることは，モノづくりのアイデアを考えるうえでひとつのヒントをあたえてくれるように思います。

4.7　モータを使う

　第 2 章で説明したように，**モータ**を動作させるには**トランジスタ**を使って大きな電流を流すことが定石になっているわけですが，電流の向きがつねに同じだと，モータが回転する向きはつねに同じになってしまうことに注意しましょう。モータが回転する向きを切り替えるには，じつは，もう一工夫が必要になってきます。

　ひとつの解決策になっているのは，**図 4.15** に示すように，4 個のスイッチを使って電流の向きを切り替える **H ブリッジ**のしくみです。スイッチの組み合わせによって電流の向きを切り替え，モータが回転する向きを切り替えるのが H ブリッジのしくみにほかなりません。

　こうしたしくみをひとつの電子部品としてまとめたものが**モータドライバ**です。

　さまざまなものがありますが，ここでは，秋月電子の「モータードライバーTA7291P」を使ってみることにします。また，モータとして，秋月電子の「DCモーター FA-130RA-2270」を使ってみることにします。

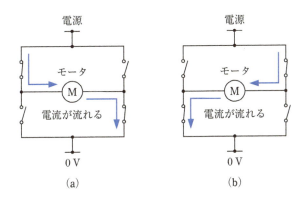

図 4.15 H ブリッジのしくみ：(a) 正転，(b) 逆転

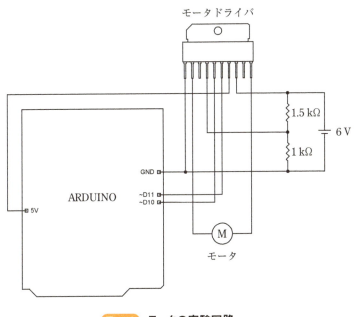

図 4.16 モータの実験回路

図 4.16 は，モータを動作させるための回路です．第 2 章で説明したように，マイコンボードを使ってモータを動作させるには，外部電源を用意することが約束事になっていますが，この回路は，電圧 1.5 V の電池を直列に 4

4.7 モータを使う　123

個接続することで6Vの電源を用意しています。また，この回路は，Arduinoのアナログ出力を利用し，PWMを使ってモータの回転数をコントロールするものになっています。

リスト4.7のArduinoのプログラムを実行した後，リスト4.8のProcessingのプログラムを実行すると，図4.17に示すように，モータの正転と逆転の状態がウィンドウに表示されることがおわかりいただけるはずです。

リスト4.7 Arduinoのプログラム

```
1   int r;
2
3   void setup()
4   {
5     Serial.begin(9600);
6   }
7
8   void loop()
9   {
10    if (Serial.available() >= 1)
11    {
12      r = Serial.read();
13
14      if (r == 0)
15      {
16        analogWrite(10, 0);
17        analogWrite(11, 0);
18      }
19      else if (r == 1)
20      {
21        analogWrite(10, 255);
22        analogWrite(11, 0);
23      }
24      else if (r == 2)
25      {
26        analogWrite(10, 0);
27        analogWrite(11, 255);
28      }
29    }
30
31    delay(20);
32  }
```

リスト 4.8 Processing のプログラム

```
1   import processing.serial.*;
2   
3   Serial serial;
4   int x, y, s;
5   
6   void setup()
7   {
8     size(200, 150);
9     frameRate(30);
10  
11    serial = new Serial(this, "COM1", 9600);
12  
13    x = 0;
14    y = 0;
15    s = 0;
16  }
17  
18  void draw()
19  {
20    background(255, 255, 255);
21  
22    if (y != x)
23    {
24      s = x;
25      serial.write(s);
26    }
27    y = x;
28  
29    if (s == 0)
30    {
31      stroke(0, 0, 0);
32      fill(255, 255, 255);
33      rect(90, 40, 20, 20);
34      fill(255, 255, 255);
35      ellipse(100, 50, 18, 18);
36      fill(255, 255, 255);
37      rect(90, 90, 20, 20);
38      fill(255, 255, 255);
39      ellipse(100, 100, 18, 18);
40    }
41    else if (s == 1)
42    {
43      stroke(0, 0, 0);
```

```
44      fill(255, 255, 255);
45      rect(90, 40, 20, 20);
46      fill(0, 0, 0);
47      ellipse(100, 50, 18, 18);
48      fill(255, 255, 255);
49      rect(90, 90, 20, 20);
50      fill(255, 255, 255);
51      ellipse(100, 100, 18, 18);
52    }
53    else if (s == 2)
54    {
55      stroke(0, 0, 0);
56      fill(255, 255, 255);
57      rect(90, 40, 20, 20);
58      fill(255, 255, 255);
59      ellipse(100, 50, 18, 18);
60      fill(255, 255, 255);
61      rect(90, 90, 20, 20);
62      fill(0, 0, 0);
63      ellipse(100, 100, 18, 18);
64    }
65  }
66
67  void keyPressed()
68  {
69    if (key == CODED)
70    {
71      if (keyCode == UP)
72      {
73        x = 1;
74      }
75      else if (keyCode == DOWN)
76      {
77        x = 2;
78      }
79    }
80  }
81
82  void keyReleased()
83  {
84    x = 0;
85  }
```

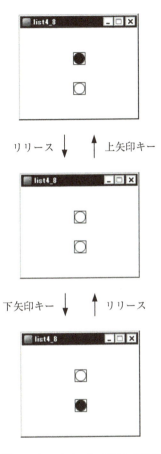

図 4.17 リスト 4.8 のプログラムの実行画面

　このプログラムは，キーボードの上矢印キーを正転，下矢印キーを逆転に対応させており，これらのキーの操作によって，モータが回転する向きを切り替えるものになっています。Processing には，キーを押したときは keyPressed 関数，キーを離したときは keyReleased 関数を自動的に呼び出すしくみが用意されていますが，こうしたしくみを利用すると，キーボードをインターフェースとするアプリケーションを簡単に作ることができます。

　写真 4.7 は，モータを使ったプロトタイピングの作品です。これは，じつ

写真 4.7　モータを使った「逃げる目覚まし時計」

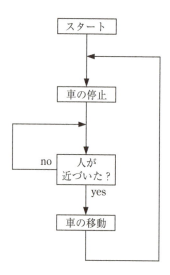

図 4.18　「逃げる目覚まし時計」のフローチャート

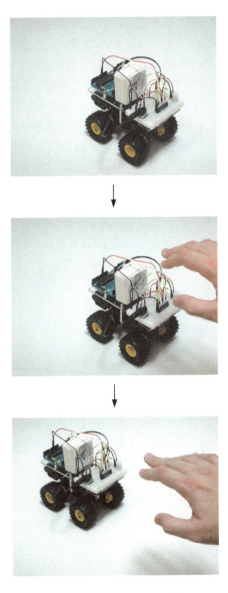

写真 4.8 「逃げる目覚まし時計」の動作

は，目覚まし時計を乗せたおもちゃの車にほかなりません。図4.18に示すように，人感センサを使って人が近づいたことを感知すると，その場から逃げるように移動し，アラームに手が届きにくくすることで目覚まし時計としての効果をアップさせる「逃げる目覚まし時計」として動作するのが，この作品のアイデアになっています。写真4.8に，実際の動作を示します。本書のサポートサイト（http://floor13.sakura.ne.jp/）の動画もあわせてご覧ください。

こうした**ロボット**を題材としたモノづくりは，人間の仕事を肩代わりする省力化が最も重要なテーマといえるでしょう。そのためのしくみとして，**人工知能**による自律制御の可能性が，自動車の自動運転の期待とあいまって，大きな注目を集めていることは，みなさんもよくご存知のことと思います。

ロボットのなかでも，とくに人型のロボットは，カタチの存在感そのものが人間にとって意味のあるメッセージになっています。こうした特徴をコミュニケーションのひとつの手段としてとらえることが，ロボットを題材としたモノづくりの大事な視点といえるでしょう。

4.8 プレゼンのヒント

もちろん，モノづくりにとって最も大事なことは，実際にモノを作ってみることにあるわけですが，たとえ作ったとしても，その面白さを伝えないことには誰にもわかってもらえないことも事実です。

モノづくりを通して新しい価値を生み出そうと，日々奮闘しているのが，社会で活躍するエンジニアのあるべき姿ですが，そのための武器として，周囲を説得するスキルもまたエンジニアが身につけるべき大事なスキルといえるのではないでしょうか。

ワークショップの最後にプレゼンをすることは，こうしたスキルを身につけるための絶好のトレーニングになるでしょう。人前で発表するというプレッシャーは，作品の完成度を高めるうえでプラスに作用することは間違いありません。また，プレゼンのストーリーを考えることは，作品のテーマを明確にするうえで少なからずメリットがあるように思います。

作品が千差万別であれば，プレゼンも千差万別であり，そのスタイルにはさまざまなものがあって当然でしょう。ただし，いずれにしても，高い評価

を得るプレゼンは，他者性を意識し，聞き手の心をとらえる**ショーマンシップ**に裏打ちされたものになっていることは間違いありません。

　聞き手は，それが自分にとってどのような意味を持つのか，メッセージが明確に伝わってくるプレゼンを期待しています。そのためには，あたり前のように聞こえるかもしれませんが，話し手が話したいことに終始するのではなく，聞き手が聞きたいことを推し量る想像力が大事になってきます。言ってみれば，こうしたショーマンシップにこそ，ひいてはプレゼンの後の展開を左右する重要なエッセンスがつまっているのではないでしょうか。

　プレゼンの目的は，決して話し手の正当性を証明することだけにあるわけではありません。目の前にいる聞き手の**共感**を引き出すことが，モノづくりの可能性を広げるための鍵を握っているのだとすれば，ここにこそプレゼンを成功させるための大事なヒントが隠されているように思うのですが，いかがでしょうか。

モノづくりについて考える

モノづくりは，エンジニアにとって社会と向き合うための大事なチャンネルといえるでしょう。**本章では，モノづくりについて考えるための視点をいくつか紹介しながら，エンジニアとしてモノづくりに挑戦することの意義について，あらためて考えてみたいと思います。**

5.1 モノづくりの入口と出口

モノづくりのスキルを身につけることは，社会で活躍するエンジニアになるためのパスポートといえるでしょう。

エンジニアの卵にとってみれば，とにもかくにも，モノづくりの基本の型をマスターすることは，エンジニアになるための切実な課題であることに間違いありません。もちろん，日進月歩，技術が進化していく実情をながめると，社会で活躍するエンジニアにとっても，つねにスキルをアップデートしていくことは不可欠の課題といえるでしょう。

ただし，こうした勉強を通して往々にして陥りがちなのは，モノづくりのスキルを身につけることだけがエンジニアの役割と思い込んでしまうことなのではないでしょうか。

おそらく，エンジニアのイメージといえば，頼まれた仕事に黙々と取り組む職人を思い浮かべる方も少なくないでしょう。実際，「自分の役割は部品を作ることであり，それをどのように使うかは，ほかの誰かが考えてくれるだろう」と思っているエンジニアも少なくないかもしれません。

しかし，モノづくりのスキルを身につけることは，あくまでも手段にすぎず，目的があってこそ意味を持つことは肝に銘じておく必要があるでしょう。モノづくりのスキルを身につけることはもちろん大事なことですが，モノづくりの意義を考え，モノづくりを通して社会のことを考えることこそ，エンジニアが果たすべき大事な役割なのではないでしょうか。

モノづくりのスキルを身につけるインプットを**モノづくりの入口**とするならば，実際にモノを作り，社会に対してその価値を問いかけるアウトプット

は，**モノづくりの出口**といえるでしょう。

　さまざまな苦労を乗り越え，製品の出荷にこぎつけることこそ，エンジニアにとって最も達成感を味わえる経験になることは間違いありません。正解が見えにくい成熟社会であればこそ，どのようにすればモノづくりの入口と出口を結びつけることができるのか知恵をしぼることが，エンジニアの役割として，以前にも増して重要になってきているように思います。

5.2　サイバー鳴子の誕生

　筆者にとって，こうしたモノづくりの入口と出口について考えるきっかけをあたえてくれたのは，振り返ってみると，2004年に「サイバー鳴子」というお祭りグッズを作ったことが原点だったように思います。

　札幌では，毎年6月に「YOSAKOIソーラン祭り」というお祭りが開催されています。このお祭りは，高知県の「よさこい祭り」をベースに，北海道の「ソーラン節」をエッセンスとして組み合わせた市民参加型の踊りのイベントですが，1992年にはじまって以来，あっという間に，踊り手4万人，観客200万人を集める大きなイベントに成長し，今では「さっぽろ雪まつり」と肩を並べる，札幌を代表するお祭りのひとつになっています。

　じつは，本家のよさこい祭りにならい，YOSAKOIソーラン祭りは，鳴子を手に取って踊ることが約束事になっているのですが，「夜のお祭り会場で鳴子が光ったらきれいだろうな」という単純な思いつきから誕生したのが，**写真5.1**に示すサイバー鳴子です。

　サイバー鳴子は，透明なプラスチック製の鳴子に衝撃センサとLEDを組み込んだおもちゃにほかなりません。バチを打ち鳴らしたときの衝撃をトリガーとしてLEDを発光させ，音に同期した光のイルミネーションを楽しんでもらうのが，お祭りグッズとしてのサイバー鳴子のコンセプトになっています。

　振り返ってみると，サイバー鳴子がモノづくりの事例として印象的だったのは，とにもかくにも，プロトタイピングが素早かったことです。試作ができあがったのは2004年4月のことでしたが，じつは，アイデアがカタチになるまでの時間は1ヶ月もかかっていません。

　サイバー鳴子は，筆者の思いつきがそもそものきっかけだったとはいえ，

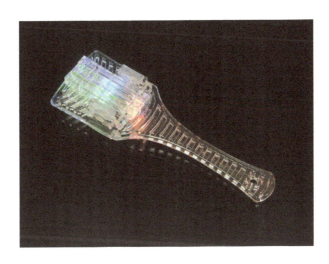

写真 5.1　サイバー鳴子

　実際のモノづくりは筆者ひとりの手によるものではありません。それまでにも一緒にモノづくりに取り組んできた仲間との共同作業なくしては，サイバー鳴子が日の目を見ることは決してなかったでしょう。遊び心をわかってもらえる仲間に「面白そうだし，作ってみたい」と思ってもらえたことが，筆者の予想をはるかに上回るフットワークのよいモノづくりにつながったひとつの理由だったように思います。

　もうひとつ，サイバー鳴子がモノづくりの事例として印象的だったのは，単なるプロトタイピングにとどまらず，量産による製品化を行い，実際に販売するまでにいたったことです。

　じつは，サイバー鳴子を作ったのは，あくまでもちょっとした余興のつもりにすぎず，試作もたった1本きりで，当初はお祭りで使ってもらうことなどまったく想定していませんでした。しかし，「とてもきれいだから，ぜひたくさんの人に見てもらいたい」とマスコミに取り上げてもらったところ，YOSAKOIソーラン祭りの関係者から「お祭りで使ってみたい」というリクエストをいただき，急遽，1ヵ月後にせまったお祭りに間に合わせるため，仲間と一緒に休日返上で，手作りながら200本のサイバー鳴子を量産することになったのが，その後の経緯になっています。

2004年6月のYOSAKOIソーラン祭りで，実際に夜のお祭り会場でサイバー鳴子を使っていただいたときの様子を写真5.2に示します。ぎりぎりのスケジュールで量産し出荷したサイバー鳴子にお祭り会場で再会したときの気持ちは，まさに感無量の一言だったことを覚えています。
　こうした取り組みがきっかけになり，さまざまな後押しに応える格好で，

写真5.2　2004年6月のYOSAKOIソーラン祭り

2004年の秋には工場を通した本格的な量産に踏み切り，2005年6月のYOSAKOIソーラン祭りを皮切りにお祭り会場で販売をはじめたのが，製品としてのサイバー鳴子のその後の展開になっています。

このように，プロトタイピングから製品化まで，すべてのプロセスを経験できたことは，工学部を卒業したもののモノづくりの現場にはそれまで足を踏み入れたことがなかった筆者にとって，モノづくりの可能性を垣間見る貴重な機会になったことはもちろん，エンジニアとしてモノづくりに挑戦することの意義について考えるきっかけをあたえてくれた，人生で最も重要な出来事のひとつになったといって過言ではありません。

言ってみれば，サイバー鳴子はLチカの延長線上にあるお祭りグッズにすぎません。本書でも説明したように，LEDを発光させるだけであれば，電子工作の初心者でも決して真似できないことではないでしょう。

しかし，こうした単純な機能も，多くの人の注目を集めるYOSAKOIソーラン祭りのシンボルである鳴子というカタチと融合させることで，新しい意味づけを行ったところに，モノづくりとしてのサイバー鳴子の意義があったのだろうと思います。

社会の興味は，技術そのものにあるのではなく，技術の使い方にあることは間違いありません。たとえ最先端の高度な技術でも，使ってみたいと思ってもらえなければ，世のなかにインパクトをあたえることは難しいのではないでしょうか。

作ってみたいという気持ちと使ってみたいという気持ちの間に一種の**共鳴現象**を引き起こすことができれば，思いもよらない展開を見せるところにモノづくりの面白さがあります。こうした共鳴現象を引き起こすメカニズムのなかにこそ，モノづくりの入口と出口を結びつけるための大事なヒントが隠されているのではないでしょうか。

5.3 アートとデザイン

サイバー鳴子のように，思いつきで作ったモノがそのまま製品化にまでいたった事例は，あらためて考えてみると，とても幸運なケースだったように思います。

しかし，もちろん，実際のモノづくりでは，こうしたビギナーズラックがかならずしもいつも通用するわけではありません。つねに社会と向き合うことが求められる企業のモノづくりでは，作りたいモノを作ることに固執するのではなく，売れるモノを作ることに知恵をしぼることが，エンジニアの心構えとして大事であることはあらためて言うまでもないでしょう。そのためのアイデアを考え続けることが，エンジニアの永遠の課題といえるのではないでしょうか。

　こうしたモノづくりのあり方を考えるうえで，ぜひ理解しておきたいのは，**アート**と**デザイン**というふたつの視点です。両者を区別するのは**他者性**を意識する度合いにあります。

　アートとしてのモノづくりは，他者性を意識する度合いが低く，わかってもらうことを目的にしていません。消費者に受け入れてもらうためのわかりやすさを追求するのではなく，あくまでも自己表現を追求することが，アートとしてのモノづくりの本質といえるでしょう。

　一方，デザインとしてのモノづくりは，他者性を意識する度合いが高く，わかってもらうことを目的にしています。自己表現を追求するのではなく，あくまでも消費者に受け入れてもらうためのわかりやすさを追求することが，デザインとしてのモノづくりの本質といえるでしょう。

　音楽のジャンルでいえば，アートとしてのモノづくりは現代音楽，デザインとしてのモノづくりはポップスに置き換えて考えてみると，それぞれの方向性の違いがイメージしやすいのではないでしょうか。

　もちろん，多くの消費者に受け入れてもらうには，デザインとしてのモノづくりが大事な視点になってくることは間違いありません。いわゆる**ヒットの法則**を熟知し，多くの消費者を満足させるモノを作ることが，モノを売るための大事な視点であり，こうしたモノづくりを目指すことが，とくに企業のエンジニアに求められる心構えなのだろうと思います。

　しかし，わかりやすさを求める一方で，わかりにくさにひきつけられてしまうのもまた人間というものです。想像の余地が残されていることは，ときとして人間の心を強力にとらえる可能性を秘めています。デザインとしてのモノづくりが，大量生産を通して往々にして薄利多売の結果に陥りがちなこととは対照的に，アートとしてのモノづくりが，寡作でも高額で取り引きされる可能性を秘めていることを考えると，かならずしもアートだからといっ

て多くの消費者に受け入れられないと結論づけるのは早計でしょう。

　ヒットの法則は，平均化された消費者の声に応えるためのテクニックですが，こうしたテクニックの乱用は，ともすればマンネリをもたらすおそれを少なからずはらんでいます。デザインとしてのモノづくりを基本としておさえつつ，アートとしてのモノづくりに思いをはせることが，モノづくりの可能性を考えるうえで大事なヒントになるのではないでしょうか。

　「People don't know what they want until you show it to them.（実際に見せてみるまで，欲しいものがわからないのが人間というものである）」とはアップルの創業者スティーブ・ジョブズの言葉ですが，前例のないことをはじめるには，掟破りも辞さない勇気が必要です。常識の枠を飛び越えることができるのが，機械とは異なる人間の本質であるとするならば，つねに新しい可能性に挑戦し続けようとする姿勢こそ，モノづくりの大事な心構えといえるのではないでしょうか。

5.4　成熟社会のモノづくり

　かつての高度経済成長期のように，モノ不足の**成長社会**では，「作ってから売る」という**プロダクトアウト**のアプローチで事足りていたわけですが，一方，現在の日本のように，モノ余りの**成熟社会**では，「売ってから作る」という**マーケットイン**のアプローチを意識することが，さらに大事になってきていることは間違いありません。

　生活に必要なモノを作ることが成長社会のモノづくりの目標だったわけですが，生活を面白くするモノを作ることが成熟社会のモノづくりの目標であり，これまで以上に社会が求めているものを理解しようとする姿勢が大事になってきていることはまぎれもない事実でしょう。

　もちろん，「言うは易く，行うは難し」という言葉のとおり，一筋縄ではいかない課題ではあるものの，人間の心理や行動についてさまざまな角度から理解しようとすることが，成熟社会のモノづくりを考えるうえで大事な視点になってきていることは間違いありません。

　一見すると合理的のようでいて，じつは，さまざまな**妄想**に左右されやすいのが人間というものです。成熟社会のモノづくりのヒントは，こうした人

間の非合理的な性質のなかに隠されているのではないでしょうか。

そのひとつが**ブランド**です。モノづくりにとって大事なことは，もちろんクオリティを担保することにあるわけですが，ブランドの場合はそれだけにとどまらず，妄想ともいうべきイメージを植えつけることが，さらに重要なポイントになってきます。こうしたノウハウによって消費者の満足感を高めるアプローチこそ，成熟社会のモノづくりについて考えるうえで大事な視点になってきていることは間違いありません。

マンガやアニメの世界をモチーフにした**グッズ販売**も，こうしたモノづくりのひとつのアプローチといえるでしょう。映画の興行収入50億ドルに対してグッズ販売300億ドルの実績をほこる「スターウォーズ」や，初回放送から30年間で3億個のプラモデルを販売した「ガンダム」など，妄想の世界を実体化することがマニアからの熱狂的な支持を集めている事実は，あらためて考えてみると不思議としか言いようがありません。「ディズニーランド」など，妄想の世界を体験できるようにした**テーマパーク**は，こうしたモノづくりの究極のあり方といえるのではないでしょうか。

仮想世界で価値を生み出し，現実世界で回収することが，こうした**妄想産業**の本質であり，成熟社会のモノづくりのアプローチとしてますます重要になってきていることは間違いないでしょう。

いわゆる**キャラクタービジネス**は妄想産業の大黒柱といえるでしょう。かつて，科学技術が未発達の時代，さまざまな架空のキャラクターがまことしやかに信じられていたことは，今となっては笑い話かもしれません。しかし，現在の日本も，ゆるキャラに席巻されるご当地キャラをはじめ，さまざまな架空のキャラクターがつぎからつぎへと生み出され続けていることを考えると笑ってばかりもいられません。たったひとつキャラクターをつけ加えるだけで大きな価値が生み出される現実を目のあたりにすると，こうした妄想産業は決して過去のものではなく，むしろ，情報社会の発展とともに，さらに威勢を増してきているととらえるほうが，認識としては正しいといえるのではないでしょうか。

みなさんもよくご存知のことと思いますが，図 5.1 に示すように，農業社会は農学部，工業社会は工学部というように，それぞれの時代において，社会が必要とするノウハウを勉強する場として学校が設立され，学問が発展してきたことは歴史の語るとおりです。

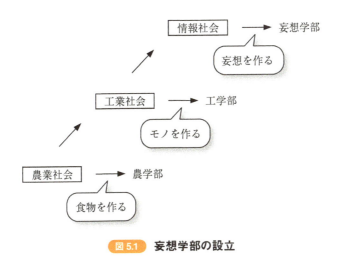

図 5.1　妄想学部の設立

　情報社会では，こうしたノウハウに加え，さらなる価値を生み出すための視点として，妄想を作り出すスキルを勉強することが，社会が必要とするノウハウになってきているのかもしれません。そうだとすれば，言葉遊びのように聞こえるかもしれませんが，これまでの学問がそうであったように，こうした時代の空気は，素直に考えてみると，ひょっとすると，**妄想学部**の設立を要請しているように思えてなりません。

　妄想を作り出すスキルを勉強するには，そのためのトレーニングとして，人間の心をとらえる**ストーリー**を作り出すテクニックなど，一見するとモノづくりとは直接的には関係がないようにも思えるノウハウを勉強することが大事になってきます。モノづくりといえば理系の独壇場というイメージが根強いことも事実ですが，文系のエッセンスを切り捨てるのではなく，両者を融合することで総合的にモノづくりを考える視点こそ，妄想学部のカリキュラムの根幹になるのではないでしょうか。

5.5　メイカームーブメントの本質

　コンピュータはもちろん，3Dプリンタに代表されるツールの普及とともに，これまでは企業でしかできなかったモノづくりに個人でも挑戦できるよ

うになってきたことが，社会現象として盛り上がりを見せる**メイカームーブメント**のひとつの理由になっていることは間違いありません。

ごく普通の人が，既製品を消費するだけの**コンシューマー**としてだけでなく，モノを作って売る**プロシューマー**として経済活動に参加することができる間口を広げたところに，メイカームーブメントのひとつの意義があるといえるでしょう。

作ったモノを売るためのしくみである**ネット販売**はもちろん，モノづくりに必要な資金を調達するためのしくみである**クラウドファンディング**の登場など，インターネットの普及によってモノづくりの入口と出口がつながりやすくなったことは事実であり，こうした社会装置の登場がモノづくりのパーソナライズの可能性を大きく広げていることは間違いありません。

もっとも，こうしたモノづくりのパーソナライズそのものは，言ってみれば，これまでの**DIY**（Do It Yourself）と本質的に変わるところはなく，アプローチとしては決して目新しいわけではありません。DIYがあくまでも趣味のモノづくりであることを考えると，メイカームーブメントが企業のモノづくりを全面的に置き換える可能性は低く，こうしたモノづくりを生業にすることはかならずしも簡単ではないことも事実でしょう。

しかし，それでもメイカームーブメントに大きな注目が集まっているのは，経済活動としての可能性に対する期待もさることながら，自己表現としてのモノづくりの可能性に対する期待が，じつは，それ以上に大きな理由になっているからなのではないでしょうか。

企業のモノづくりのように，たくさんの人が関わっているモノづくりでは，ひとりのエンジニアがすべての方針を決定できるわけではなく，さまざまな調整のプロセスによってアイデアの取捨選択が行われることが日常茶飯事です。ひとつの製品のかたわらには，日の目を見ないたくさんのアイデアが累々と横たわっているのが現実なのです。

こうした状況に対するひとつのアンチテーゼとして，たとえば，商業出版に対するブログと同様，インターネットの普及によって，自己表現のためのひとつのチャンネルとしてモノづくりが広く認知されるようになってきたところに，メイカームーブメントが盛り上がりを見せる本当の理由があるのではないでしょうか。

多様性がキーワードになっている成熟社会では，かつての成長社会では定

石だった平均的なモノづくりだけですべてに対応しようとすることは難しいでしょう。日の目を見ないたくさんのアイデアのなかにこそ，ひょっとすると，社会が期待するモノづくりのヒントが隠されているのかもしれません。こうしたアイデアをひろいあげるしくみこそ，正解が見えにくい成熟社会では，さらに大事な視点になってきているといえるのではないでしょうか。

「落選展」というフランスの美術展を，みなさんはご存知でしょうか。落選展は，そもそも「サロン」という政府主催の権威あるコンクールに落選した作品を集めて開催された美術展なのですが，名前とは裏腹に，決して駄作の美術展などではなく，そのなかからマネの「草上の昼食」など，歴史に残る作品がいくつも出てきたことで知られています。

このように，たとえオーソリティのお眼鏡にかなわなくても，社会の評価はまた別物であることは往々にしてあります。オーソリティの視点ではリジェクトされてしまうようなアイデアのなかにヒントを求めようとする姿勢こそ，多様性を確保するための大事な心構えであり，ここにこそ成熟社会におけるメイカームーブメントの本質があるといえるのではないでしょうか。

5.6　コミュニティを作る

モノづくりの本質が組み合わせにあるのだとすれば，自分の守備範囲を超えたところに目を向けることこそ，新しいアイデアを見つけるための大事な心構えといえるでしょう。

さまざまなバックグラウンドのアイデアに興味を持つことが，成熟社会のモノづくりでは，さらに大事な視点になってきているわけですが，そのためのひとつのヒントとして重要なエッセンスといえるのは，**コミュニティ**を意識することの意義に気がつくことにあるのではないでしょうか。

コミュニティの原点は学校でしょう。振り返ってみると，小学校から大学まで，学校に通うということは，好むと好まざるとにかかわらず，さまざまな環境の変化をもたらすライフイベントだったわけです。真っ只中にいるときはよくわからなくても，結果として，人間関係のシャッフルを通して新しい展開を生み出す触媒として機能していることが，社会装置としての学校の最も大事な役割のように思えるのですが，いかがでしょうか。

一方，社会人にとって，日常は固定化したものになりがちです。このことが，社会人にとって，新しいアイデアを見つけにくくするひとつの原因になっていることは間違いありません。

　こうした状況を打開するには，情報交換の場としてのコミュニティの役割をあらためて見直し，お互いに刺激し合う人間関係を積極的に作り出していくことが大事になってくるように思います。

　アメリカを震源地として世界中に広がりを見せている「テックショップ」や「ハッカースペース」といったモノづくりの場は，こうしたコミュニティの具体例といえるでしょう。さまざまなツールが用意された工房であるとともに，何気ない雑談を通して，気心の知れたつながりを構築する場としても機能していることが，こうしたモノづくりの場の魅力にほかなりません。

　言ってみれば，こうしたコミュニティは，学校の部活やサークルと同じようなものなのかもしれません。課外活動のなかでつながりを作ることは，一種の**セーフティーネット**として機能し，杓子定規の人間関係では行き場のないエネルギーを受けとめる社会装置として，もうひとつの居場所を作り出してくれる可能性をおおいに秘めているのではないでしょうか。

　もちろん，学校の部活やサークルと同様，リアルな場にコミュニティを作ることができるのであれば，それに越したことはないでしょう。しかし，気心の知れたつながりは，リアルな場でなければ構築できないというものではありません。昔はいざ知らず，今はインターネットがあります。こうしたコミュニケーションの手段を上手に利用することが，コミュニティを作るためのひとつの強力なアプローチになっていることは，あらためて言うまでもないでしょう。

　新しいアイデアを見つけるには，情報交換の量もさることながら，それよりも情報交換の質が大事になってくることは間違いありません。毎日のように顔を合わせる仲間との情報交換も大事かもしれませんが，日ごろは疎遠のつながりとの情報交換もまた思いもよらない展開をもたらす可能性をおおいに秘めているのではないでしょうか。ひょんなきっかけから生まれた**ウィークタイズ**のゆるやかなつながりこそ，自分の守備範囲にとらわれない新しいアイデアを見つけるためのポテンシャルとして大きな意味を持っているように思います。

　何かを作るということは，とりもなおさず文明を生み出してきた人間の本

能のなせる業なのかもしれません。紆余曲折，さまざまなプロセスを通してアイデアをカタチにしていくことがモノづくりの醍醐味ですが，結果として，人間関係を作り出し，ひいては社会を作り出すことが，モノづくりの本質なのではないでしょうか。ここに，モノづくりの最も深い意義があり，人間の心をとらえて離さないモノづくりの魅力があるように思えるのです。

索引

欧字

AD変換	42
Arduino	9
CdSセル	44
CG	60
DA変換	33
DHCP	90
DIY	142
FETトランジスタ	38
GUI	64
Hブリッジ	122
IoT	90
IPアドレス	86
LED	12
Lチカ	14
MP3	68
PBL	6
Processing	53
PWM	33
PWM周期	34
USBケーブル	9
WAVE	68

あ

明るさセンサ	44
アート	138
アナログ出力	33
アナログ入力	42
アニメーションの原理	61
アノード	12
アノードコモン	19

い

イベント	63

う

ウィークタイズ	144
ウェルノウンポート番号	87

え

エッジ検出	24

お

オームの法則	17

か

画像処理	60
加速度センサ	114
カソード	12
カソードコモン	19
家庭用ゲーム機	96
可変抵抗	40

き

擬人化	111
機能とカタチの融合	122
基本の型	5
基本周期	28
基本周波数	28
逆起電力	39
キャラクタービジネス	140
共感	131
共鳴現象	137
距離センサ	46, 100

く

矩形波	27
グッズ販売	140
組み込み関数	31
クライアント	86
クライアント・サーバー方式	86
クラウドファンディング	142
グラデーション発光	36
グラフィックス	53
グランド	12

け

傾斜スイッチ …………………………… 26
ゲート …………………………………… 38

こ

コミュニティ ………………………… 143
コンシューマー ……………………… 142

さ

サイン波 ………………………………… 68
サウンド ………………………………… 53
サーバー ………………………………… 86
残像効果 ………………………………… 35

し

システム変数 …………………………… 58
ジャンパケーブル ……………………… 9
12平均律音階 ………………………… 29
重力加速度 …………………………… 114
順方向 …………………………………… 14
ショート ………………………………… 23
ショーマンシップ …………………… 131
シリアル通信 ………………………… 43, 74
シリアルプロッタ ……………………… 44
シリアルモニタ ……………………… 42, 77
人工知能 ……………………………… 130
身体性 ………………………………… 105

す

スイッチ ………………………………… 20
スイッチング …………………………… 39
ストーリー …………………………… 99, 141
スライダー ……………………………… 65

せ

成熟社会 ……………………………… 1, 139
成長社会 ……………………………… 1, 139
赤外線 ………………………………… 46, 100
セーフティーネット ………………… 144
センサ …………………………………… 44

そ

増幅 ……………………………………… 38
ソケット ………………………………… 9
ソース …………………………………… 38

た

ダイオード ……………………………… 40
タクトスイッチ ………………………… 20
他者性 ………………………………… 6, 98, 138
多様性 ………………………………… 142

ち

チャタリング …………………………… 24
超音波 ………………………………… 100

て

抵抗 ……………………………………… 12
ディジタル出力 ………………………… 14
ディジタル入力 ………………………… 22
ディップスイッチ ……………………… 26
デザイン ……………………………… 138
テーマパーク ………………………… 140
デューティー比 ………………………… 34

と

トグルボタン …………………………… 64
土壇場力 ………………………………… 98
トランジスタ ………………………… 38, 122
ドレイン ………………………………… 38

ね

ネット販売 …………………………… 142
ネットワーク通信 ……………………… 86

の

ノコギリ波 ……………………………… 68

は

波形 ……………………………………… 27
バッファ ………………………………… 76

索引 147

ひ

光の三原色 ………………………………… 18, 58
ヒットの法則 ……………………………… 138
ビット演算 ………………………………… 78

ふ

フィジカルコンピューティング …………… 122
フォトインタラプタ ……………………… 108
ブザー ……………………………………… 26
ブランド …………………………………… 140
プリミティブ図形 ………………………… 57
プリミティブ波形 ………………………… 68
プルアップ ………………………………… 23
プルアップ抵抗 …………………………… 23
フルカラーLED …………………………… 18
ブレッドボード …………………………… 9
フレームレート …………………………… 58
プロシューマー …………………………… 142
プロダクトアウト ………………………… 139
プロトコル ………………………………… 74
プロトタイピング ………………………… 5, 97

ほ

ポート番号 ………………………………… 86

ま

マイク ……………………………………… 68
マイコンボード …………………………… 9
マウスポインタ …………………………… 64
マーケットイン …………………………… 139

む

無限ループ ………………………………… 14, 57
無線LANルータ …………………………… 90

め

メイカームーブメント …………………… 3, 142

も

妄想 ………………………………………… 139

妄想学部 …………………………………… 141
妄想産業 …………………………………… 140
モータ ……………………………………… 38, 122
モータドライバ …………………………… 122
モノづくりのHow ………………………… 97
モノづくりのWhat ………………………… 97
モノづくりの入口 ………………………… 133
モノづくりの出口 ………………………… 134

り

リードスイッチ …………………………… 26
リモートホスト …………………………… 89
量子化精度 ………………………………… 33

る

ループバックアドレス …………………… 89

ろ

ローカルホスト …………………………… 89
ロボット …………………………………… 130

わ

ワイヤレス通信 …………………………… 90

著者紹介

青木直史（あおきなおふみ）　博士（工学）
- 1972 年　札幌生まれ
- 1995 年　北海道大学工学部電子工学科卒業
- 2000 年　北海道大学大学院工学研究科博士課程修了
- 2000 年　北海道大学大学院工学研究科　助手
- 現　在　北海道大学大学院情報科学研究科　助教

著書

- 『C 言語ではじめる音のプログラミング』オーム社（2008）
- 『ブレッドボードではじめるマイコンプログラミング』技術評論社（2010）
- 『冗長性から見た情報技術』講談社ブルーバックス（2011）
- 『サウンドプログラミング入門』技術評論社（2013）
- 『ゼロからはじめる音響学』講談社（2014）

NDC549　154p　21cm

Arduino と Processing ではじめるプロトタイピング入門
（アルドゥイーノ）（プロセッシング）（にゅうもん）

2017 年 3 月 17 日　第 1 刷発行

著　者	青木直史（あおきなおふみ）
発行者	鈴木　哲
発行所	株式会社 講談社

〒 112-8001　東京都文京区音羽 2-12-21
　販　売　(03) 5395-4415
　業　務　(03) 5395-3615

編　集　株式会社 講談社サイエンティフィク
　代表　矢吹俊吉

〒 162-0825　東京都新宿区神楽坂 2-14　ノービィビル
　編　集　(03) 3235-3701

本文データ制作	株式会社 エヌ・オフィス
カバー・表紙印刷	豊国印刷株式会社
本文印刷・製本	株式会社 講談社

落丁本・乱丁本は，購入書店名を明記のうえ，講談社業務宛にお送りください．送料小社負担にてお取替えいたします．なお，この本の内容についてのお問い合わせは，講談社サイエンティフィク宛にお願いいたします．定価はカバーに表示してあります．

© Naofumi Aoki, 2017

本書のコピー，スキャン，デジタル化等の無断複製は著作権法上での例外を除き禁じられています．本書を代行業者等の第三者に依頼してスキャンやデジタル化することはたとえ個人や家庭内の利用でも著作権法違反です．

 〈社〉出版者著作権管理機構　委託出版物〉

複写される場合は，その都度事前に〈社〉出版者著作権管理機構（電話 03-3513-6969，FAX 03-3513-6979，e-mail: info@jcopy.or.jp）の許諾を得てください．

Printed in Japan

ISBN 978-4-06-156569-2

講談社の自然科学書

できる研究者の論文生産術
How to Write a Lot
どうすれば「たくさん」書けるのか

ポール・J・シルヴィア 著　高橋さきの 訳

四六・190ページ・本体1,800円　ISBN 978-4-06-153153-6

よい習慣は、才能を超える

◆ 全米で話題の「How to Write a Lot」待望の邦訳！
◆ 雑用に追われている研究者はもちろん、アカデミックポストを目指す大学院生も必読！

主な目次

第1章　はじめに
- 執筆作業は難しい
- いかにして身につけるか
- 本書のアプローチ
- 本書の構成

第2章　言い訳は禁物
──書かないことを正当化しない
- 言い訳その1「書く時間がとれない」「まとまった時間さえとれれば、書けるのに」
- 言い訳その2「もう少し分析しないと」「もう少し論文を読まないと」
- 言い訳その3「文章をたくさん書くなら、新しいコンピュータが必要だ」
- 言い訳その4「気分がのってくるのを待っている」
- 「インスピレーションが湧いたときが一番よいものが書ける」

第3章　動機づけは大切
──書こうという気持ちを持ち続ける
- 目標を設定する
- 優先順位をつける
- 進行状況を監視する
- スランプについて

第4章　励ましあうのも大事
──書くためのサポートグループをつくろう
- 執筆サポートグループの誕生

第5章　文体について
──最低限のアドバイス
- 悪文しか書けないわけ
- よい単語を選ぶ
- 力強い文を書く
- 受動的な表現、弱々しい表現、冗長な表現は避ける
- まずは書く、後で直す

第6章　学術論文を書く
──原則を守れば必ず書ける
- 研究論文を書くためのヒント
- アウトラインの作成と執筆準備
- タイトル（Title）とアブストラクト（要約、Abstract）
- 序論（イントロダクション、Introduction）
- 方法（Methods）
- 結果（Results）
- 考察（Discussion）
- 総合考察（General Discussion）
- 参考文献（References）
- 原稿を投稿する
- 査読結果を理解し、再投稿する
- 「でも、リジェクトされたらどうすればよいのですか？」
- 「でも、何もかも変えろと言われたらどうすればよいのですか？」
- 共著論文を書く
- レビュー論文を書く

第7章　本を書く
──知っておきたいこと
- なぜ本を書くのか
- 簡単なステップ2つと大変なステップ1つで本を書く
- 出版社を見つける
- 細かい作業もたくさん発生する

第8章　おわりに
──「まだ書かれていない素敵なことがら」
- スケジュールを立てる楽しみ
- 望みは控えめに、こなす量は多めに
- 執筆は競争ではない
- 人生を楽しもう
- おわりに

※表示価格は本体価格（税別）です。消費税が別に加算されます。

［2017年3月現在］

講談社サイエンティフィク　http://www.kupub.co.jp/

講談社の自然科学書

できる研究者の論文作成メソッド
書き上げるための実践ポイント

Write It Up: Practical Strategies for Writing and Publishing Journal Articles

ポール・J・シルヴィア 著　高橋さきの 訳

四六・270ページ・本体2,000円　ISBN 978-4-06-155627-0

どうすれば「インパクトがある論文」を書けるのか

◆ 原稿の各種スタイルはもちろん、雑誌の選び方、共著論文執筆のヒント、投稿後の対応などの実践ポイントを解説した。

◆ 爽快かつユーモア溢れるシルヴィア節は健在で、初めて英語論文を書く大学院生に有益この上ない！

---- 目次 ----

- はじめに
  - なぜ、書くのか
  - インパクトが大切——発表すればよいというものではない
  - 本書の構成

第Ⅰ部　計画と準備

- 第1章　投稿する雑誌をいつどうやって選ぶのか
  - 1-1　雑誌の質を理解する：優・良・不可
  - 1-2　いつ雑誌を選ぶか
  - 1-3　雑誌を選ぶ
  - 1-4　だめだったときの投稿先
- 第2章　語調と文体
  - 2-1　自分の声はどう聞こえているか
  - 2-2　スキル
  - 2-3　文体の「べからず集」について考える
- 第3章　一緒に書く：共著論文執筆のヒント
  - 3-1　なぜ一緒に書くのか
  - 3-2　やめておいた方がよいケース：避けた方がよい相手
  - 3-3　実効性のある方法を選ぶ
  - 3-4　うまくいかないときにどうするか
  - 3-5　誰が著者かを決める
  - 3-6　よい共同研究者になる

第Ⅱ部　論文を書く

- 第4章　「序論」を書く
  - 4-1　論文の目的や論理構成を把握する：「序論」展開用テンプレート
  - 4-2　構成用テンプレート：「ブックエンド／本／ブックエンド」
  - 4-3　書き始めは力強いトーンで
  - 4-4　短報の「序論」を書く
- 第5章　「方法」を書く
  - 5-1　読み手が納得できる「方法」を書く
  - 5-2　どこまで詳しく書くか
  - 5-3　「方法」で記載する各項目
  - 5-4　論文のオープン化、共有化、アーカイブ化
- 第6章　「結果」を書く
  - 6-1　短い「結果」
  - 6-2　「結果」の構成
  - 6-3　さしせまった問題と細かい問題
- 第7章　「考察」を書く
  - 7-1　よい「考察」とは
  - 7-2　必須の要素
  - 7-3　厄介な任意の要素
- 第8章　奥義の数々：タイトルから脚注まで
  - 8-1　文献（Reference）
  - 8-2　タイトル
  - 8-3　要旨（アブストラクト）
  - 8-4　図と表
  - 8-5　脚注
  - 8-6　付録や補足資料
  - 8-7　ランニングヘッド

第Ⅲ部　論文を発表する

- 第9章　雑誌とのおつきあい：投稿、再投稿、査読
  - 9-1　論文を投稿する
  - 9-2　通知の内容を理解する
  - 9-3　どう修正するか
  - 9-4　自分以外の論文：原稿を査読する
- 第10章　論文は続けて書く：実績の作り方
  - 10-1　「1」は孤独な数字
  - 10-2　インパクトを高める方法
  - 10-3　やめておいた方がよい執筆
  - 10-4　どうやって全部書くか
- おわりに

※表示価格は本体価格（税別）です。消費税が別に加算されます。　　［2017年3月現在］

講談社サイエンティフィク　http://www.kspub.co.jp/

講談社の自然科学書

ゼロからはじめる音響学
青木直史・著
A5・207頁・本体2,600円

ゼロから学べる超入門！ 基本的内容をしっかり押さえ，体系的に解説．サポートサイトで音を聞くことができ，より理解を深められる．工学系に限らず，メディア系でも，言語聴覚士養成でも，教科書として使用できる．

はじめての電子回路15講
秋田純一・著
A5・176頁・本体2,200円

はじめて電子回路に触れる読者のために最重要必修ポイントをていねいに解説．モーニングの電子工作マンガ「ハルロック」の作者がイラストを担当．最強コラボでわかりやすく楽しく学べる!!!

はじめてのアナログ電子回路 基本回路編
松澤 昭・著
A5・271頁・本体2,700円

MOSトランジスタを中心に，基本増幅回路から演算増幅回路，電源回路，発振回路までを丁寧に解説した．カラーの回路図・応答図が豊富にあり，直観的に理解できる．大学のテキストはもちろん，初学者の入門書としても最適．

はじめてのアナログ電子回路 実用回路編
松澤 昭・著
A5・269頁・本体3,000円

研究開発現場で役立つ回路を一冊に凝縮．カラー図版で直観的に理解できる！ A/D・D/A変換器，デルタシグマ型A/D・D/A変換器，フィルタ回路，PLL，センサ回路，高周波回路を解説．

はじめての技術者倫理 未来を担う技術者・研究者のために
北原義典・著
A5・175頁・本体2,000円

見開き1項目で簡潔に解説された大学・高専向けのテキスト．カラーイラストで直観的にもわかりやすい！ 最新トピックスを扱った「ケーススタディ」も充実．JABEEにもしっかり対応した．

〔計測自動制御学会賞著述賞 受賞〕 はじめての制御工学
佐藤和也／平元和彦／平田研二・著
A5・253頁・本体2,600円

大学，高専向けの「いま」の教科書．微分方程式と古典制御理論のつながりから丁寧に解説．数学的なフォローが充実・満載の教科書です．わかりにくいと言われる「伝達関数」の意味がこれならわかる．

はじめての現代制御理論
佐藤和也／下本陽一／熊澤典良・著
A5・239頁・本体2,600円

この1冊から制御の世界が拡がる，初学者にとって最適な「現代制御」の教科書．現代制御を理解するために最も重要な「状態空間表現の作成法」「極（固有値）と応答の関係」の説明に，特に力を入れた．

基礎から学ぶ 電気電子・情報通信工学
田口俊弘／堀田利一／鹿間信介・編著
B5・175頁・本体2,400円

「電気はなぜ伝わるのか」「インターネットになぜつながるのか」といった，電気・電子・情報・通信系の学生ならば必ず知っておかなければならない基礎事項を網羅したテキスト．キーワード・演習問題つき．

※表示価格は本体価格（税別）です．消費税が別に加算されます． 「2017年3月現在」

講談社サイエンティフィク　http://www.kspub.co.jp/